"十四五"高职高专院校规划教材

食品致病微生物检验

吴酉芝　陈小蒙　魏永忠　主编

中国质量标准出版传媒有限公司
中国标准出版社
北京

图书在版编目（CIP）数据

食品致病微生物检验 / 吴酉芝，陈小蒙，魏永忠主编 . -- 北京：中国质量标准出版传媒有限公司，2024. 8. --ISBN 978-7-5026-5102-2

Ⅰ. TS207.4

中国国家版本馆 CIP 数据核字第 20245YL694 号

中国质量标准出版传媒有限公司
中国标准出版社　出版发行

北京市朝阳区和平里西街甲 2 号（100029）

北京市西城区三里河北街 16 号（100045）

网址：www.spc.net.cn

总编室：（010）68533533　发行中心：（010）51780238

读者服务部：（010）68523946

中国标准出版社秦皇岛印刷厂印刷

各地新华书店经销

*

开本 787×1092　1/16　印张 15　字数 281 千字

2024 年 8 月第一版　2024 年 8 月第一次印刷

*

定价：58.00 元

编 委 会

主　编　吴酉芝（上海中侨职业技术大学）

　　　　　陈小蒙（上海市贸易学校）

　　　　　魏永忠（上海中侨职业技术大学）

参　编　王　惠（上海市贸易学校）

　　　　　欧已铭（上海中侨职业技术大学）

　　　　　吴相欢（上海中侨职业技术大学）

　　　　　薛丽芝（上海食品科技学校）

　　　　　高　鑫（上海城建职业技术学院）

随着我国经济社会的快速发展，人们日益关注食品安全问题，其中微生物对食品的污染不断受到人们的重视，从而促进了微生物检测服务行业的快速发展。一般情况下，微生物分为两种，一种是对人体无害的，另一种则是有害微生物。近年来，导致人类感染、影响大家身体健康的致病性微生物种类越来越多，威胁也越来越大，这就要求工作人员在进行食品微生物检测的过程中，严格按照一定的程序和相关标准来进行，确保微生物检测的数据准确性，从而保证食品安全。

致病性微生物检测贯彻"预防为主"的卫生方针，可以有效地防止或者减少食物中毒、人畜共患病的发生，保障人们的身体健康；同时，它在提高产品质量、避免经济损失、保证出口等方面具有政治上和经济上的重要意义。致病性微生物检验可以帮助人们判断产品加工环境及产品卫生环境，进而对产品被微生物污染的程度作出正确的评价，为各项卫生管理工作提供科学依据，有效预防人类和动物食物中毒。

本书根据农产品食品检验的职业岗位要求，以农产品食品检验的工作任务和职业能力为依据，参照农产品食品检验员（四级、三级）国家职业资格认证标准进行设置。本书设计以检测项目为载体，任务设计紧贴项目工作流程展开，根据农产品食品检验岗位的工作流程、工作需要和能力要求，将学生的学习目标与工作岗位的需要结合在一起。在课程教学过程中围绕学生综合职业能力的培养，落实"行动过程完整"和"理论与实践一体化"的教学理念，依据教学内容，采用项目教学、任务驱动等以学生为主体的行动导向教学法，培养学生的检验知识和检验技能。同时，本书适应学生全面发展的需求，在教学内容和教学环节中贯穿诚实守信等职业道德、责任意识的培养。

本书主要内容包括：致病性微生物检测与实验室安全管理、致病性微生物检测的基本程序、细菌典型生化反应试验基础原理、沙门氏菌检验、金黄色葡萄球菌检验、溶血性链球菌检验、副溶血性弧菌检验、蜡样芽孢杆菌检验、志贺氏菌检验、致泻性大肠埃希氏菌检验、实训项目。

本书由多年从事食品微生物检验教学的专业教师团队编写，由上海中侨职业技术大学吴酉芝、魏永忠和上海市贸易学校陈小蒙担任主编，本书编写过程中参考了大量同行的出版物，并由学生顶岗实习合作企业进行了细致的审稿工作，在此一并表示衷心的感谢！

由于编者水平有限，加之时间仓促，书中疏漏和不足之处在所难免，敬请同行专家及广大读者批评指正。

编者

2024 年 6 月

第一章 致病性微生物检测与实验室安全管理

知识目标

1. 掌握致病性微生物及其分类与特点。
2. 了解致病性微生物对食品的污染与食品污染的控制。
3. 了解致病性微生物实验室的安全管理。
4. 掌握致病性微生物检测的任务和意义。

能力目标

1. 具有基本无菌操作技术知识与基本能力。
2. 具有认识和分析食品中致病性微生物来源的能力。

第一节 致病性微生物概述

一、致病性微生物的概念及分类

微生物（Microorganism）是广泛存在于自然界中的一群肉眼看不见、必须借助光学显微镜或电子显微镜放大数百倍、数千倍甚至数万倍才能观察到的微小生物的总称。它们具有体形微小、结构简单、繁殖迅速、容易变异及环境适应能力强等特点。按学界公认的分类法将生物分为六界：病毒界、原核生物界、原生生物界、真菌界、植物界和动物界。其中，微生物在六界中占了四界，因此微生物在自然界中的重要地位是显而易见的，其研究的对象也是十分广泛且丰富的，但只有部分微生物可以入侵人体引起疾病。

致病性微生物是指能够引起人类、动物和植物生病的病原微生物，是具有致病性的微生物。致病性微生物与人类之间进行着长期而复杂的斗争，其通过不断繁殖、变异和进化，增强自身的毒力或致病性，从而成为人类疾病的罪魁祸首。人类则通过机体强大的免疫系统消灭、排出、战胜入侵的致病性微生物。

致病性微生物按其结构、化学组成及生活习性等差异可分成三大类。

1. 真核细胞型微生物

细胞核的分化程度较高，有核膜、核仁和染色体；胞质内有完整的细胞器（如内质网、核糖体及线粒体等）。真菌属于此类型微生物，其种类有十余万种，绝大多数不致病，且对人类有益，在抗生素的制造、发酵工业、酿造工业等方面都有真菌的功劳。能引起人类疾病的真菌仅有 100 余种，引发的疾病如皮肤真菌感染（体癣、足癣等）、条件致病性真菌感染（伪膜性肠炎）、真菌变态反应性疾病（接触性皮炎、哮喘、荨麻疹等）、真菌中毒等。

2. 原核细胞型微生物

细胞核分化程度低，仅有原始核质，没有核膜与核仁；细胞器不完善。这类微生物种类众多，包括细菌、蓝细菌、放线菌、螺旋体、立克次体、衣原体和支原体。

（1）细菌

在光学显微镜下可见，自然界分布广泛（水、空气、人体体表及与外界相通的腔道、物体表面等）。临床上细菌感染性疾病很常见，因其对抗生素敏感，且有特效药，所以在急性感染期较易治愈。

（2）蓝细菌

曾被称为蓝藻或蓝绿藻，是一类分布很广、含有叶绿素 a、无鞭毛、能够在光合作用时释放氧气的原核微生物。蓝细菌主要以二分裂或多分裂方式进行繁殖，少数可形成孢子，孢子壁厚，能抵抗不良环境。蓝细菌能够产生各种各样的生物毒素，包括神经毒素（neurotoxin）、肝毒素（hepatotoxin）、细胞毒素（cytotoxin）和内毒素（endotoxin）等，对人体及动物的健康或安全构成严重威胁。

（3）放线菌

对人致病的主要是衣氏放线菌，常存在于正常人口腔、咽部和扁桃体中，当机体免疫力下降、拔牙或口腔黏膜受损时，此菌可侵入组织引起慢性化脓性炎症。

（4）螺旋体

细长、柔软，弯曲呈螺旋状，对抗生素敏感。可引起的疾病主要有钩端螺旋体引起的钩体、梅毒螺旋体引起的人类梅毒、回归热螺旋体引起的人类回归热。

（5）立克次体

介于细菌和病毒之间，对抗生素敏感，大多是人畜共患病的病原体。我国可见到的致病性立克次体主要有普氏立克次体、莫氏立克次体及恙虫病立克次体，所致疾病多为立克次体病，常见的是斑疹伤寒和恙虫病。

（6）衣原体

广泛寄生于人类、禽类及哺乳动物体内，对某些抗生素敏感。与人类关系密切的有沙眼衣原体、肺炎衣原体等。

（7）支原体

因其在生长繁殖时有分支形成而得此名，对抗生素敏感。与人类感染有关的支原体有肺炎支原体、L 型支原体、解脲脲原体、生殖支原体等。

3. 非细胞型微生物

此类微生物广泛分布于人、动物、植物、昆虫等处。没有典型的细胞结构，仅由蛋白质外衣包裹核酸构成，体积微小，需在电子显微镜下方能看见，亦无产生能量的酶系统，只能寄宿在活细胞内生长繁殖。主要包括病毒和朊粒等。朊粒是一种感染性蛋白质分子，能够引起动物和人类脑组织慢性海绵体变性，如疯牛病及人类的库鲁病。在实际生活中，由病毒引起的感染远高于细菌性感染。

二、细菌的结构与生物特性

细菌（bacteria）的生物学分类属于原核细胞生物界，广义的细菌概念包括所有原核细胞型微生物，有细菌、放线菌、衣原体、支原体、立克次体和螺旋体；狭义的细菌的概念专指其中的细菌。它种类繁多，数量庞大，最具代表性，一般情况下通常是指狭义概念的细菌。

1. 细菌的大小

细菌为肉眼看不见、需经显微镜放大几百倍或上千倍才能看见的微小生物，通常以微米（μm）为测量单位。由于细菌通常是无色透明的，因此，要经过染色，才可以看见它们的轮廓、形态，甚至结构。一般情况下，电子显微镜观察细菌的超微结构时用 nm（1/1000μm）测量其大小，光学显微镜观察细菌时用 μm（1/1000mm）测量。当然，不同的细菌，甚至有时同一类细菌因菌龄、生长所处的环境因素不同，其大小、形态有一定程度的差异。

2. 细菌的分类

根据每种细菌各自的特征，并按照它们的亲缘关系分门别类，以不同等级编排成系统。有两种分类法：①以细菌的形态和生理生化特性为依据的表型特征进行分类；②用化学分析和核酸分析，以细菌大分子物质（核酸、蛋白质）结构的同源程度进行分类。

细菌的分类等级和其他生物相同，依次为界（kingdom）、门（division）、纲（class）、目（order）、科（family）、属（genus）、种（species）。细菌属于原核生物界（procaryotae），常用的分类单位是属和种。种是细菌分类的基本单位，将生物学性状基本相同的细菌群体归成一个菌种；性状相近，关系密切的若干菌种组成一个菌属。由不同来源分离的同一种、同一亚种或同一型的细菌，称为株（strain）。株的建立是从一次单独分离物的单个原始菌落传代的纯培养物中获得的，例如，从 10 个肺结核患者的痰液中分离出的 10 株结核分枝杆菌。

3. 细菌的形态

细菌的基本形态有球状、杆状、螺旋状，根据形态特征将细菌分为球菌、杆菌和螺形菌三大类。临床最常用观察细菌的方法是革兰氏染色法。经过革兰氏染色可将细菌分为两大类：紫色的是革兰氏阳性菌（G^+），红色的是革兰氏阴性菌（G^-）。两类细菌的细胞壁结构不同，决定了其染色性不同，且对人体的致病性和对抗生素的敏感性也有较大差异（结核杆菌革兰氏染色法不着色，经抗酸染色后呈红色）。

4. 细菌的结构

（1）细菌的基本结构

各种细菌都具有基本结构，包括细胞壁、细胞膜、细胞质和核质四部分。细胞壁是位于细菌最外层的一层质地坚韧而略有弹性的膜状结构，其化学成分复杂，并因不同细菌而异。细胞膜是由磷脂和多种蛋白质组成的单位膜，其主要功能是发挥物质转运、生物合成、分泌和呼吸等作用，是细菌渗透屏障和赖以生存的重要结构。细胞质是细胞膜所包裹的溶胶状物质，基本成分是水、蛋白质、核酸和脂类，是细菌合成代谢和分解代谢的场所。细菌的核质具有细胞核的功能，决定细菌的生命活动，控制细菌的生长、繁殖、遗传、变异等多种遗传性状。细菌的基本结构对于细菌的鉴定及致病性、免疫性都有重要作用，特别是细菌质粒已广泛应用于分子生物学的试验中。

（2）细菌的特殊结构

某些细菌除了具有基本结构外，还有荚膜、菌毛、鞭毛、芽孢等特殊结构。

①荚膜。某些细菌生长过程中在细胞壁外形成一层界限较为明显、质地均匀的黏液性物质，其厚度大于 0.2μm，称为荚膜。荚膜充当分子筛和黏附素的作用，并具有抗原性及抗吞噬的功能。

②菌毛。菌毛是许多革兰阴性菌及少数革兰阳性菌菌体表面附着的一种细短而直感的蛋白性丝状物，在电子显微镜下才能看到。菌毛可分为普通菌毛和性菌毛，前者与细菌的致病性有关，后者可在细菌之间传递遗传物质，如使细菌获得产毒或耐药性等新的遗传性状。

③鞭毛。鞭毛由蛋白质构成，是细菌的运动结构。弧菌、螺菌、占半数的杆菌及少数球菌由其细胞膜伸出菌体外细长呈波状弯曲的蛋白性丝状物，使细菌可在适宜的环境中自由运动，具有抗原性，与致病性有关。

④芽孢。芽孢是某些革兰氏阳性细菌在不利于生长的环境中形成的有抗性的休眠体，增强细菌抵抗外界不良环境的能力。能否杀灭芽孢是临床判断灭菌效果的一项指征。

5. 细菌的致病物质

细菌的致病物质主要包括细菌的菌体表面结构、侵袭性酶及毒素。

菌体表面结构有两类，一类是具有黏附作用的结构，如磷壁酸，多包被菌毛等；另一类是具有抗吞噬作用的结构，如荚膜、微荚膜、A 型链球菌的 M 蛋白、金黄色葡萄球菌的 A 蛋白等。

侵袭性酶是细菌合成分泌的胞外酶，一种是有抗吞噬作用的酶，如金黄色葡萄球菌产生的血浆凝固酶，可在细菌周围形成纤维蛋白包裹层，抵抗人体吞噬细胞和补体、抗体，保护细菌。另一种是可帮助细菌在体内扩散的酶，如 A 型链球菌产生的透明质酸酶。

细菌的毒素有内毒素和外毒素。内毒素是革兰氏阴性细菌细胞壁的脂多糖，在细菌死亡裂解时释放，对人和动物有毒性，被称为内毒素，其主要成分是类脂 A。由于多数革兰氏阴性细菌的内毒素类脂 A 化学组成相似，因此对人类产生的致病作用也相似，主要是引起机体发热、白细胞数量改变、内毒素血症和休克、弥散性血管内凝血（DIC）等。重度革兰氏阴性细菌感染时，大量内毒素直接激活凝血系统，最终导致严重的临床综合征而死亡。外毒素是由活致病菌产生的蛋白性物质，又被称为分泌性毒素，毒性强烈且具有组织器官特异性。根据外毒素作用靶细胞的不同，外毒素可分为神经毒素、细胞毒素和肠毒素。

三、致病性微生物对食品的污染

（一）定义

致病性微生物污染是指具有致病性的微生物对食品、水、土壤等造成的污染。我国每年因微生物污染、腐败而损失的粮食、水果、蔬菜及各种副食产品数量惊人。食源性疾病是指通过摄食而进入人体的有毒有害物质（包括生物性病原体）等致病因子所造成的疾病。一般可分为感染性和中毒性，包括常见的食物中毒、肠道传染病、人畜共患传染病、寄生虫病以及化学性有毒有害物质所引起的疾病。

食源性疾病的发病率居各类疾病总发病率的前列，是当今世界上最突出的卫生问题。70% 的食源性疾病是由于食用各种致病性微生物污染的食品和水引起的。饮用含有病原微生物的水可引起多种疾病，如霍乱、肺炎、急性肠胃炎等。饮用水中的致病性微生物有 140 余种，包括病毒、细菌和原生动物等。其中致病性细菌引起的污染涉及面最广、影响最大且问题最多。

食品本身不含有毒有害的物质。但是，食品在种植或饲养、生长、收割或宰杀、加工、贮存、运输、销售到食用前的各个环节中，由于环境或人为因素的影响，可能使食品受到微生物的侵袭而造成污染，使食品的营养价值和卫生质量降低，这个过程就是食品微生物污染。

而食品生产是一个时间长、环节多的复杂过程。在整个过程中存在着许许多多被致病性微生物污染的可能性。作为原料来源的活体就可能带有致病性微生物；在加工过程中，原料之间可能产生交叉污染；加工者携带的致病性微生物也可能进入食品；在销售中会通过器具和其他途径造成食品被致病性微生物污染。总之，与食品有直接和间接关系的致病性微生物都可能污染食品。食品微生物污染一方面降低了食品的卫生质量，另一方面对使用者本身可造成不同程度的危害。根据对人体的致病能力可将污染食品的微生物分为三大类：

（1）直接致病性微生物，包括致病性细菌、人畜共患传染病病原菌和病毒、产毒霉菌和霉菌毒素，可直接对人体致病并造成危害。

（2）相对致病性微生物，即通常条件下不致病，在一定条件下才有致病力的微生物。

（3）非致病性微生物，包括非致病菌、不产毒霉菌及常见酵母，它们对人体本身无害，却是引起食品腐败变质、卫生质量下降的主要原因。

而在食品安全中有检验意义的主要是能引起人类疾病和食物中毒的致病性微生物，常见的有沙门氏菌、葡萄球菌、链球菌、副溶血性弧菌、变形杆菌、志贺氏菌、禽流感病毒、黄曲霉菌及病毒、口蹄疫病毒等。

（二）污染途径和来源

1.污染的途径

食品在生产加工、运输、贮藏、销售以及食用过程中都可能遭受微生物的污染，其污染的途径可分为两大类，即内源性污染和外源性污染。

凡是作为食品原料的动植物体在生活过程中，由于本身带有的微生物而造成食品的污染称为内源性污染，也称为第一次污染。如畜禽在生活期间，其消化道、上呼吸道和体表总是存在一定数量的微生物；当受到沙门氏菌、布氏杆菌、炭疽杆菌等病原微生物感染时，畜禽的某些器官和组织内也会有大量病原微生物的存在。

外源性污染是指食品在加工、运输、贮藏、销售、食用过程中，通过水、空气、人、动物、机械设备及用具等而使食品发生微生物污染，也称为第二次污染。

2.污染的来源

微生物在自然界中分布十分广泛，不同的环境中存在的微生物类型和数量不尽相同。污染食品的微生物来源可分为土壤、水、空气、操作人员、动植物、加工设备、包装材料等。

（1）土壤中的微生物

土壤是微生物的"大本营"，土壤中的微生物数量最大，种类也最多，这是由于土壤具备了适合各种微生物生长繁殖的理想条件，即由土壤环境的特点决定的。

①营养物质。土壤中含有微生物所需要的各种营养物质（有机质、大量元素及微量元素、水分及各种维生素等）。

②氧气。表层土壤有一定的团粒结构，疏松透气，适合好氧微生物生长，而深层土壤结构紧密，适合厌氧微生物生长。

③酸碱度。土壤的酸碱度适宜，适合微生物的生长与繁殖（一般接近中性，适合多数微生物的生长，虽然一些土壤 pH 偏酸或偏碱，但在那里也存在着与之相适应的微生物类群，如酵母菌、霉菌、耐酸细菌、放线菌、耐碱细菌等）。

④温度。土壤的温度在一年四季中变化不大，既不十分酷热，也不相当严寒，非常适合微生物的生长繁殖。

（2）水中的微生物

水是微生物广泛存在的第二个理想的天然环境，江河、湖泊中都有微生物的存在，下水道、温泉中也存在着微生物。水中含有不同量的无机物质和有机物质，水具有一定的温度（如水的温度会随着气温的变化而变化，但深层水温度变化不大）、溶解氧（表层水含氧量较多、深层水缺氧）和 pH（淡水 pH 为 6.8～7.4），决定了其存在着不同类群的微生物。

在食品的生产加工过程中，水既是许多食品的原料或配料成分，也是清洗、冷却、冰冻不可缺少的物质，设备、地面及用具的清洗也需要用大量的水。各种天然水源包括地表水和地下水，不仅是微生物的污染源，也是微生物污染食品的主要途径。

（3）空气中的微生物

空气中的微生物主要来自人畜排泄物和土壤污染，空气中主要包括各种杆菌、葡萄球菌、青霉、曲霉、毛霉等，它们可随着灰尘、水滴的飞扬或沉降而污染食品。

空气环境的特点：空气中缺乏微生物生长所需的营养物质，加上水分少，较干燥，又有日光的照射，因此微生物不能在空气中生长，只能以浮游状态存在于空气中。

这些微生物可以附着在尘埃上或被包在微小的水滴中而浮在空间。空气中尘埃越多，污染的微生物越多。下雨或下雪后，空气中的微生物数量就会显著降低，靠近地面的空气污染微生物的程度最严重，在高空中则很少，室内空气中微生物含量的多少与气候条件、人口密度以及室内外的清洁卫生状态有关。

（4）人及动植物的微生物

人和动植物因生活在一定的自然环境中，体表难免会受到周围环境中微生物的污染。健康人体和动物的消化道、上呼吸道等均有一定的微生物存在，当人和动物有病原微生物寄生时，患者病体内就会产生大量病原微生物向体外排出，其中少数菌还是人畜共患的病原微生物；寄生于植物体的病原微生物，虽然对人和动物无感染性，但有些植物病原微生物的代谢产物却具有毒性，能引起人类的食物中毒。

从事食品生产的人员，如果他们的身体、衣帽不经常清洗，不保持清洁，就会有大量的微生物附着其上，通过皮肤、毛发、衣帽与食品接触而造成污染。在食品的加工、运输、贮藏及销售过程中，同样可能会造成食品的微生物污染。

四、致病性微生物污染的预防与控制

微生物在食品中生长与在空气或水等环境中生长迥然不同，因为食品中含有微生物所需要的营养物质，微生物可在食品中迅速生长繁殖。食品的基本特性、食品的营养成分、水分、pH、渗透压、食品的环境条件（如温度、气体、湿度等）均会影响微生物的生长。

任何微生物进行生长繁殖以及多数生物化学反应都需要以水作为溶剂或介质。食品中的水分以游离水和结合水两种形式存在。结合水是指存在于食品中的与非水成分通过氢键结合的水，因为这部分水是与蛋白质、碳水化合物及一些可溶性物质（如氨基酸、糖、盐等）结合的，所以微生物无法利用结合水。游离水是指食品中与非水成分有较弱作用或基本没有作用的水，微生物在食品上生长繁殖，能利用的水是游离水，因而微生物在食品中生长繁殖所需的水不取决于总含水量（％），而取决于水分活度。通常使用 A_w 来表示食品中可被微生物利用的水。

A_w 是指食品中水分的有效浓度，即在一定温度下，食品的水分蒸汽压 P 与相同温度下纯水的蒸汽压 P_0 的比值，即：$A_w=P/P_0$。A_w 也可以用平衡相对湿度（ERH）表示，即 $A_w=ERH/100$。ERH 是指在相同温度下，物料与环境达到平衡（既不吸湿也不散湿）时大气的相对湿度。由于物质溶于水后，水的蒸汽压总要降低，所以 A_w 的值介于 0 和 1 之间。

食品 A_w 的高低是不能按其水分含量来考虑的。例如，金黄色葡萄球菌生长要求的最低 A_w 为 0.86，而相当于这个水分活度的水分含量则随不同的食品而异，如牛肉为 23%、乳粉为 16%、肉汁为 63%，所以按水分含量多少难以判断食品的保藏性，只有测定和控制 A_w 才对食品保藏性具有重要意义。

影响食品稳定性的微生物主要是细菌、酵母和霉菌，这些微生物的生长、繁殖都要求有最低限度的 A_w。如果食品的 A_w 低于这一要求，微生物的生长、繁殖就会受到抑制。A_w 低于 0.60 时，绝大多数微生物无法生长。在许多情况下，食品稳定性和 A_w 是密切相关的。总的趋势是，A_w 越小的食品越稳定，较少出现腐败变质现象。一般说，细菌生长条件为 $A_w>0.9$，酵母为 $A_w>0.87$，霉菌为 $A_w>0.8$，但一些耐渗透压微

生物除外。降低食品中的 A_w 有两种传统方法，即干燥和加盐或糖结合水分子。食品的水分含量与食品的品质和贮藏性之间存在着重要而不严格的关系，但 A_w 与微生物的生长繁殖、食品的品质和贮藏性存在着密切的关系。

食品是构成人类生命和健康的关键要素之一。食品一旦受污染，就会危害人类的健康。为了控制和防止微生物对食品的污染，消除食品中存在的有害微生物，不断提高食品的卫生质量，必须采取以下措施。

1. 食品中微生物的消长

由于污染源和污染途径不同，在食品中出现的微生物的种类也十分复杂。食品中的微生物在数量上和种类上都随着食品所处环境的变动和食品性状的变化而不断变化，这种变化所表现的主要特征就是：食品中微生物的数量出现增多或减少。食品中微生物在数量上出现增多或减少的现象称为消长现象。

食品中微生物的消长现象可以从以下三个阶段进行分析。

（1）加工前

食品在加工前，无论是动物性原料或植物性原料，都已有不同程度的微生物污染，由于运输、贮藏等原因，常常造成食品污染机会的增多，这样就引起了原料中微生物不断增多的现象，虽然有些微生物污染食品后，因环境条件的不适应而引起了死亡，但是从所存在的微生物总数来看，一般并不见减少而只有增多。

（2）加工过程中

在食品加工过程中，有些条件（如清洗消毒、灭菌等）对微生物的生存不利，可以使食品中微生物的数量明显下降，甚至可以使微生物完全清除。当然，原料污染的程度会影响到加工过程中微生物的下降率。如果加工过程中卫生条件差，还会出现二次污染现象，当残存在食品中的微生物有繁殖机会时，就会导致微生物数量骤然上升；但在一般卫生条件良好的情况下，只会出现少量污染，因而食品中所含有的微生物的总数不会有明显的增多。

（3）加工后

加工后的食品在贮存过程中，微生物消长有两种情况：

①食品中残留的微生物或再度污染的微生物，在遇到适宜条件时，生长繁殖而出现食品变质。变质初期微生物数量会骤然增多，但当上升到一定数量时，就不再继续上升，相反地还会出现下降，这是由于微生物生长繁殖引起食品变质时，食品中的营养被消耗，越来越不适宜微生物生长，所以到后期还会出现微生物数量减少的现象。

②食品没有出现再次污染，在加工后仅残留少数微生物，也得不到生长繁殖的适宜条件，因此，随着贮藏日期的延长，微生物数量不断下降。

2. 食品微生物污染的控制

食品在加工前、加工过程中和加工后，都容易受到微生物的污染，如果不采取相应的措施加以防止和控制，那么食品的卫生质量就必然会受到影响。为了保证食品的卫生质量，不仅要求食品的原料中所含的微生物数量降到最少的程度，而且要求在加工过程中和在加工后的贮存、销售等环节中不再或非常少受到微生物的污染，要达到以上的要求，必须采取以下措施。

（1）加强环境卫生管理

环境卫生的好坏，对食品的卫生质量影响很大。环境卫生搞得好，其含菌量会大大下降，这样就会减少对食品的污染。若环境卫生状况很差，其含菌量一定很高，这样容易增加污染的机会。所以，加强环境卫生管理是保证和提高食品卫生质量的重要一环。

①做好粪便卫生管理工作。事实上，搞好粪便卫生管理工作具有重要的意义，做好这项工作不仅可以提高肥料的利用率，而且可以减少对环境的污染，因为在粪便中常常含有肠道致病菌、寄生虫卵和病毒等，这些都有可能成为食品的污染源。

a）粪便的收集；

b）粪便的运输；

c）粪便的无害化处理。

②做好污水卫生管理工作。污水来源于生活污水和工业污水两大类。生活污水含有大量有机物质和肠道病原菌，工业污水含有不同的有毒物质。为了保护环境、保护食品用水的水源，必须做好污水无害化处理工作。

目前污水处理的方法较多，较为常见的是利用活性污泥的曝气池来处理污水。

③做好垃圾卫生管理工作。垃圾是固体污物的总称，来源于居民的生活垃圾和工农业生产垃圾两大类，可分为有机垃圾和无机垃圾。

a）有机垃圾：指瓜皮果壳、菜叶、动植物尸体等，它们易于腐败，含有大量的微生物，危害较大，需进行无害化处理，同时也含有较多的肥料可用于农业。

b）无机垃圾和废品：在卫生学上危害不大，故不需要进行无害化处理。

（2）加强企业卫生管理

加强环境卫生管理，降低环境中的含菌量，减少食品污染的机会，从而可以促进食品卫生质量的提高。但是如果只注意外界环境卫生，而不注意食品企业内部的卫生管理，再好的食品原材料或食品还是会受到微生物的污染，进而发生腐败变质，所以搞好企业卫生管理就显得更加重要，因为它与食品的卫生质量有着直接的密切关系。

①食品生产卫生

食品厂址选择要考虑企业对居民区的污染和居民区及周围环境对企业的污染，厂房和生活区要分开设置，特殊的场所（如屠宰场）要单独设置，工厂的空地除了搞好清洁卫生外，还应进行绿化，以降低空气中灰层和污物的含量。

生产食品的车间，要求环境清洁，生产容器及设备能进行清洗消毒。车间应有防尘、防蝇和防鼠的设备，车间内的空气最好采取过滤、消毒措施，这样可以明显地减少污染食品的微生物数量。

食品在生产过程中，工艺要合理，流程要尽量缩短，尽量实行生产的连续化、自动化和密闭化，这样可以减少食品接触周围环境的时间。食品生产离不开水，水的卫生质量如何直接影响食品的卫生质量。不少食品的污染就是由于使用了不卫生的水而引起的。在食品生产过程中所使用的水，必须符合国家规定的饮用水的卫生标准，如果水质达不到饮用水的卫生要求，就要进行净化和消毒，然后才能使用。

直接进入食品生产场地的人员，要有严格的卫生要求。

②食品贮藏卫生

食品在贮藏过程中，要注意场所、温度、容器等因素。场所要保持高度的清洁状态，无尘、无蝇、无鼠。贮藏温度要低，有条件的地方可放入冷库贮藏。所用的容器要经过消毒清洗。贮藏的食品要定期检查，一旦发现生霉、发臭等变质现象，都要及时进行处理。

③食品运输卫生

食品在运输过程中，是否受到污染或是否腐败变质与运输时间的长短、包装材料的质量和完整、运输工具的卫生情况、食品的种类等有关。

④食品销售卫生

食品在销售过程中，要做到及时进货，防止积压，要注意食品包装的完整，防止破损，要多用工具售货，减少直接用手，要防尘、防蝇、防鼠害等。

⑤食品从业人员卫生

对食品企业的从业人员，尤其是直接接触食品的食品加工人员、服务员和售货员等，必须加强卫生教育，养成遵守卫生制度的良好习惯。卫生防疫部门必须和食品企业及其他部门配合，定期对从业人员进行健康检查和带菌检查。如我国规定患有痢疾、伤寒、传染性肝炎等消化道传染病（包括带菌者）、活动性肺结核、化脓性或渗出性皮肤病的人员，不得参加接触食品的工作。

（3）加强食品卫生检验

只有加强食品卫生的检验工作，才能做到对食品的卫生质量心中有数，有条件的食品企业应设有化验室，以便及时了解食品的卫生质量。卫生防疫部门应经常或定期对食品进行采样化验，当然还要不断地改进检验技术，提高食品卫生检验的灵敏度和准确性。在卫生检测中发现不符合卫生要求的食品，除了采取相应的措施加以处理外，更重要的是查出原因、找出对策，以便今后能生产出符合卫生质量要求的食品。

第二节　致病性微生物检测概述

一、致病性微生物检测的任务和意义

致病性微生物检测是基于微生物学的基本理论，利用微生物试验技术，根据各类产品卫生标准的要求，研究产品中微生物的种类、性质、活动规律等，用以判断产品卫生质量的一门应用技术，是以技能操作为主的一门学科。各类产品在原料、加工、贮藏、运输、销售等各个环节都可能会受到环境中微生物的污染，不同来源的微生物可通过各种途径污染暴露于环境中的各类产品，并在其中生长繁殖引起变质，影响产品的特性，甚至产生毒素，造成食物中毒、疾病传播等后果。因此，许多产品在生产、销售或使用之前必须对其进行微生物检测。微生物检测是产品卫生标准中的一个重要内容，也是确保产品质量和安全、防止致病菌污染和疾病传播的重要手段。

1.致病性微生物检测的基本任务

（1）研究各类产品的样品采集、运送、保存以及预处理方法，提高检出率。

（2）根据各类产品的卫生标准要求，选择适合不同产品、针对不同检测目标的最佳检测方法，探讨影响产品卫生质量的有关微生物的检测、鉴定程序以及相关质量控制措施；利用微生物检验技术，正确进行各类样品的检验。

（3）正确进行影响产品卫生质量的有关微生物的快速检测方法、自动化仪器的使用，并认真进行检验结果的分析和试验方法的评价。

（4）及时对检验结果进行统计、分析、处理，并及时准确地进行结果报告。

（5）对影响产品卫生质量及人类健康的相关环境的微生物进行调查、分析与质量控制。

2.致病性微生物检测的意义

微生物检测是生产中的重要环节，无论在理论研究还是在生产实践中都具有重要意义，其范围与对象广泛，涉及食品、医疗等多个领域。具体如下：

（1）衡量动植物性产品卫生质量的重要指标之一，也是判定被检产品能否食用的科学依据之一。

（2）通过微生物检测，可以判断产品加工环境及产品卫生环境，能够对产品被微生物污染的程度作出正确的评价，为各项卫生管理工作提供科学依据，提供传染病和人类、动物和食物中毒的防治措施。

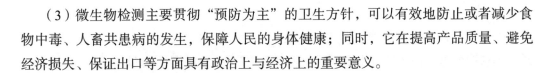

（3）微生物检测主要贯彻"预防为主"的卫生方针，可以有效地防止或者减少食物中毒、人畜共患病的发生，保障人民的身体健康；同时，它在提高产品质量、避免经济损失、保证出口等方面具有政治上与经济上的重要意义。

二、致病性微生物检测的范围与对象

1. 致病性微生物检测的范围

（1）生产环境的检测：车间用水、空气、地面、墙壁等。

（2）各种产品的原辅料检测：包括食用动物、谷物、添加剂等一切原辅材料。

（3）各类产品加工、贮藏、销售诸环节的检测：包括食品从业人员的卫生状况检测、加工工具、运输车辆、包装材料的检测等。

（4）产品的检测：重要的是对出厂产品、可疑产品及食物中有毒食品的检测。

2. 致病性微生物检测的对象

（1）食品。

（2）化妆品。

（3）药品。

（4）一次性用品及其他生活用品。

（5）应施检疫的出口动物产品。

（6）环境。

（7）有关国际条约或其他法律、法规规定的强制性卫生检验的进出口商品。

三、致病性微生物检测的基本方法

致病性微生物的检测，无论在理论研究还是在生产实践中都具有重要的意义。常见的检测方法有生长量测定法、微生物计数法、生理指标法和商业化快速微生物检测法等。

1. 生长量测定法

微生物生长意味着原生质含量的增加，所以测定的方法也直接或间接地以此为依据，而测定繁殖则要建立在计数这一基础上。微生物生长的测量，可以从其质量、体积、密度、浓度等方面进行。

（1）体积测量法（又称测菌丝浓度法）

原理：通过测定一定体积培养液中所含菌丝的量来反映微生物的生长状况。菌丝浓度是大规模工业发酵生产中微生物生长状况的一个重要监测指标。这种方法比较粗放、简便、快速，但需要设定一致的处理条件，否则偏差很大，由于离心沉淀物中夹杂着一些固体营养物，结果会有一定偏差。

（2）称干重法

原理：利用离心或过滤法测定。一般干重为湿重的 10%～20%。称干重法较为烦琐，当获取的微生物产品为菌体时，常采用这种方法，如活性干酵母（active dry yeast, ADY）、一些以微生物菌体为活性物质的饲料和肥料。

（3）比浊法

原理：微生物的生长会引起培养物浑浊度的增高。通过紫外分光光度计测定一定波长下的吸光值，判断微生物的生长状况。该法主要用于发酵工业菌体生长监测。

（4）菌丝长度测量法

方法：对于丝状真菌和一些放线菌，可以在培养基上测定一定时间内菌丝生长的长度。

2. 微生物计数法

（1）血球计数板法

这种方法简便、直观、快捷，但只适合于对单细胞状态的微生物或丝状微生物所产生的孢子进行计数，并且所得结果是包括死细胞在内的总菌数。

（2）染色计数法

为了弥补一些微生物在油镜下不易观察计数，而直接用血球计数板法又无法区分死细胞和活细胞的不足，人们发明了染色计数法。

（3）比例计数法

将已知颗粒（如霉菌孢子或红细胞）浓度的液体与待测细胞浓度的菌液按一定比例均匀混合，在显微镜下数出各自的数目，即可得未知菌液的细胞浓度。

（4）液体稀释法

对未知菌样作连续 10 倍系列稀释，根据估计数，从最适宜的 3 个连续的 10 倍稀释液中各取 5mL 试样，接种 1mL 到 3 组共 15 只装培养液的试管中，经培养后记录每个稀释度出现生长的试管数，然后查最大或然数表 MPN（most probably number）得出菌样的含菌数，根据样品稀释倍数计算出活菌含量。该法常用于食品中微生物的检测，如饮用水和牛奶的微生物限量检测。

（5）平板菌落计数法

这是一种最常用的活菌计数法。但方法比较复杂，操作者须有熟练的技术。平板菌落计数法不仅可以得出菌液中活菌的含菌数，而且可以将菌液中的细菌进行一次分离培养，获得单克隆。

（6）试剂纸法

在平板计数法的基础上发展出的小型商品化产品以供快速计数用。试剂纸法计数快捷准确，相比而言避免了平板计数法的人为操作误差。

（7）膜过滤法

用特殊的滤膜过滤一定体积的含菌样品，经吖啶橙染色，在紫外显微镜下观察细胞的荧光，活细胞会发橙色荧光，而死细胞则发绿色荧光。

3. 生理指标法

微生物的生长伴随着一系列生理指标发生变化，如酸碱度、发酵液中的含氮量、含糖量、产气量等，与生长量相平行的生理指标很多，它们可作为生长测定的相对值。

（1）测定含氮量

大多数细菌的含氮量为干重的 12.5%，酵母为 7.5%，霉菌为 6.0%。根据含氮量 ×6.25，可测定粗蛋白的含量。含氮量的测定方法有很多，如用硫酸、过氯酸、碘酸、磷酸等消化法和 Dumas 测氮气法。

（2）测定含碳量

将少量（干重 0.2mg～2.0mg）生物材料混入 1mL 水或无机缓冲液中，用 2mL 2% 的 $K_2Cr_2O_7$ 溶液在 1000℃下加热 30min 后冷却。加水稀释至 5mL，在 580nm 的波长下读取吸光光度值，即可推算出生长量。需用试剂做空白对照，用标准样品做标准曲线。

（3）还原糖测定法

还原糖通常是指单糖或寡糖，可以被微生物直接利用，通过还原糖的测定可间接反映微生物的生长状况，常用于大规模工业发酵生产中微生物生长的常规监测。

（4）氨基氮的测定

氨基氮的测定方法是离心发酵液，取上清液，加入甲基红和盐酸作指示剂，加入 0.02mmol/L 的 NaOH 调色至颜色刚刚褪去，加入底物 18% 的中性甲醛，反应数刻，加入 0.02mmol/L 的 NaOH 使之变色，根 NaOH 的用量折算出氨基氮的含量。培养液中氨基氮的含量可间接反映微生物的生长状况。

（5）其他生理物质的测定

P、DNA、RNA、ATP、NAM（乙酰胞壁酸）等含量以及产酸、产气、产 CO_2（用标记葡萄糖做基质）、耗氧、黏度、产热等指标，都可用于生长量的测定。也可以根据反应前后的基质浓度变化、最终产气量、微生物活性三方面的测定反映微生物的生长。

4. 商业化快速微生物检测法

微生物检测的发展方向是快速、准确、简便、自动化，当前很多生物制品公司利用传统微生物检测原理，结合不同的检测方法，设计出形式各异的微生物检测仪器设备，正逐步广泛应用于医学微生物检测和科学研究领域。例如，抗干扰培养基和微生物数量快速检测技术、BACTOMETER 全自动各类总菌数及快速细菌检测系统。

四、致病性微生物检测的发展趋势

随着科学技术水平的日新月异的发展，人类对文明程度的要求越来越高，特别是危害人类健康的重要致病性微生物的快速检测技术得到了迅速发展，如免疫学中的放射免疫分析（RIA）、酶免疫分析（EIA）、荧光免疫分析（FIA）、时间分辨荧光免疫分析（TRFIA）、化学发光免疫分析（CIA）、生物发光免疫分析（BIA）等，足以检出临床标本中痕量的微生物抗原；生物化学中的快速专有酶反应和细菌代谢产物的检测技术；分子生物学方面已经形成了核酸探针（nucleic acid probe）和聚合酶链式反应（polymerase chain reaction，PCR）的检测技术，该技术以其敏感、特异、简便、快速的特点成为世人瞩目的生物技术革命的新产物，已逐步应用于食源性病原菌的检测。然而，传统的细菌分离、培养及生化反应，已远远不能满足人类对各种病原微生物的诊断以及流行病学的研究，更跟不上人类对致病性微生物快速、敏感、特异、简便、低耗且适用的快速诊断及检测方法的要求。

1. 以免疫学方法建立的快速检测技术

免疫检测的基本原理是抗原和抗体的反应。抗原抗体反应是指抗原与相应抗体之间所发生的特异性结合反应。免疫荧光技术是用荧光素标记的抗体检测抗原或抗体的免疫学标记技术。免疫荧光直接法可清楚地观察抗原并用于定位标记观察，如病毒和病毒相关抗原在感染细胞内的定位。该技术已被广泛应用于病毒感染过程的研究以及病毒感染性疾病诊断。酶免疫技术发展较晚，但随着试剂的商品化及自动化操作仪器的广泛应用，酶免疫技术日趋成熟，方法稳定，结果可靠，在很多领域取代了荧光技术和放射免疫测定法。进一步的深入研究使其更精确，更完善并应用于实际是下一步发展方向。

2. 以生物化学手段建立的快速检测技术

（1）常规致病性微生物的检测技术

法国科学家巴斯德首先证明有机物质发酵和腐败是由微生物引起的，而酒类变质是被污染了杂菌所致，从而推翻了当时盛行的"自然发生学说"。巴斯德的研究开启了微生物的生理学时代，人们认识到不同微生物间不仅有形态上的差异，在生理学特性方面亦有不同，进一步肯定了微生物在自然界中所起的重要作用。细菌检测中的数量化和自动化，是微生物学诊断的发展方向。

（2）微生物专有酶快速反应系统的检测技术

微生物专有酶快速反应是根据细菌在其生长繁殖过程中可合成和释放某些特异性的酶，按酶的特性，选用相应的底物和指示剂，将它们配置在相关的培养基中。根据

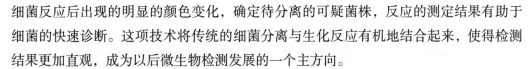

细菌反应后出现的明显的颜色变化，确定待分离的可疑菌株，反应的测定结果有助于细菌的快速诊断。这项技术将传统的细菌分离与生化反应有机地结合起来，使得检测结果更加直观，成为以后微生物检测发展的一个主方向。

3. 基因操作技术在快速检测食品中病原微生物的应用

随着微生物学、生物化学和分子生物学的飞速发展，人们对病原微生物的鉴定已不再局限于对它的外部形态结构及生理特性等一般检验上，而是从分子生物学水平上研究生物大分子，特别是核酸结构及其组成部分。在此基础上建立的众多检测技术中，核酸探针和聚合酶链式反应已逐步应用于食源性病原菌的检测。敏感、特异、简便、快速的特点使快速检测食品中病原微生物的过程明显化、简单化、快速化，完善和改革应用体制，广泛应用于实际成为今后微生物检测发展的主要方向。致病性微生物快速检测技术都各自表现出很多优点，但也还存在着不足。由于被污染食品中微生物种群繁多、成分复杂，各种食品中都可能存在阻碍检测准确性的抑制因素。另外，受污染食品中的同属相似菌在操作过程中产生的微小误差都会严重干扰检测结果。目前，多数快速检测方法还仅仅作为筛选方法使用，在实践中起参考作用。不断完善和改进现有的快速检测技术，建立更灵敏、更有效、更可靠、更简便的检测技术，是食品病原微生物快速检测技术的发展趋势。

4. 食品中致病性微生物快速检测技术的发展

（1）充分发挥不同快速检测技术的优势

目前采用的快速检测方法还有许多需要完善的方面，如快速往往伴随着准确性的降低，又如普遍使用的酶联免疫法有假阳性的问题存在。在实践中使用快速检测技术，必须熟悉各种快速检测方法的优缺点，尽量选择标准中推荐的快速检测方法或权威机构认可的快速检测方法，在不同的应用中发挥快速检测技术的优势。

（2）提高检测相关产品的质量，使检测更准确

快速检测技术的特异性、灵敏度很高，相关试剂的质量对检测结果的影响很大。应采用新的工艺，提高相关产品的质量，优化设计特殊培养基，对于检测结果的准确性具有十分重要的意义。

（3）实现快速检测标准化、国产化

目前我国采用的大多数是国外的快速检测技术，检测成本高，缺乏相应国家标准。在以后的工作中，应采取多种方法，引进、消化国外的先进技术，生产出我国自己的快速检测产品。同时积极组织研究所、大专院校和企业的专家建立国家标准和规范，推动我国快速检测技术的发展。

第三节　致病性微生物检测实验室安全管理

一、致病性微生物检测实验室设计

在《病原微生物实验室生物安全管理条例》中，国家根据病原微生物的传染性以及感染后对个体或群体的危害程度，将病原微生物分为四类：第一类是能够引起人或动物非常严重疾病的微生物，以及我国尚未发现或者已经宣布消灭的微生物；第二类是能够引起人或动物严重疾病，并且比较容易直接或间接地在人与人、动物与人、动物与动物间传播的微生物；第三类是能引起人或动物疾病，但传播风险有限，一般情况下对人、动物或者环境不构成严重危害，且具备治疗和预防措施的微生物；第四类是在通常情况下不会引起人或动物疾病的微生物。特别明确的是第一、二类病原微生物统称为高致病性病原微生物。

致病性微生物室是进行细菌学研究的场所，在此完成标本接种、孵育、分离、细菌鉴定和药敏试验等工作。我国根据实验室病原微生物的生物安全防护水平，并依照实验室生物安全国家标准，将实验室分为一级、二级、三级、四级（BSL-1、BSL-2、BSL-3、BSL-4），与之所对应的动物生物安全实验室则用 ABSL-1、ABSL-2、ABSL-3、ABSL-4 表示。实验室生物安全防护水平分级如下：

①生物安全防护水平为一级（BSL-1）的实验室称为基础生物安全实验室，适用于操作在通常情况下不会引起人类或者动物疾病的微生物。

②生物安全防护水平为二级（BSL-2）的实验室适用于操作能够引起人类或者动物疾病，但一般情况下对人、动物或者环境不构成严重危害，传播风险有限，实验室感染后很少引起严重疾病，并且具备有效治疗和预防措施的微生物。

③生物安全防护水平为三级（BSL-3）的实验室称为屏障生物安全实验室，适用于操作能够引起人类或者动物严重疾病，比较容易直接或者间接在人与人、动物与人、动物与动物间传播的微生物。

④生物安全防护水平为四级（BSL-4）的实验室为最高屏障生物安全实验室，适用于操作能够引起人类或者动物非常严重疾病的微生物，以及我国尚未发现或者已经宣布消灭的微生物。

致病性微生物实验室在设计的过程中应该符合以下条件：实验室的内部装饰应注意与外界有良好的隔离条件，并具备紧急的消防、安全、急救设施。致病性微生物实验室由准备室、洗涤室、无菌室、恒温培养室和普通实验室等部分组成。这些

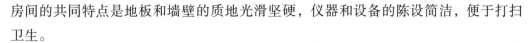

房间的共同特点是地板和墙壁的质地光滑坚硬，仪器和设备的陈设简洁，便于打扫卫生。

1. 准备室

准备室用于配制培养基和进行样品处理等。室内设有试剂柜、存放器具或材料的专柜、实验台、电炉、冰箱和上下水道、电源等。

2. 洗涤室

洗涤室用于洗刷器皿等。由于使用过的器皿已被微生物污染，有时还会存在病原微生物。因此，在条件允许的情况下，最好设置洗涤室。室内应备有加热器、蒸锅，洗刷器皿用的盆、桶等，还应有各种瓶刷、去污粉、肥皂、洗衣粉等。

3. 无菌室

无菌室也称接种室，是系统接种、纯化菌种等无菌操作的专用实验室。在微生物工作中，菌种的接种移植是一项主要操作，这项操作的特点就是要保证菌种纯种，防止杂菌的污染。在一般环境的空气中，由于存在许多尘埃和杂菌，很容易造成污染，对接种工作干扰很大。

（1）无菌室的洁净度等级

洁净无菌实验室主要是通过人为的手段，应用洁净技术实现控制室内空气中尘埃、含菌浓度、温湿度与压力，从而达到所要求的洁净度、温湿度和气流速度等环境参数。空气洁净度是指洁净空气环境中空气含尘量程度，空气洁净度的级别以含尘浓度划分。洁净度是指每升空气中所含粒径≥0.5μm 的尘粒的总颗粒。国家标准GB 50073—2013 中规定的空气洁净度等级等同采用国际标准 ISO 1466-1 中的有关规定。洁净室及洁净区空气中悬浮粒子洁净等级标准分为 100 级、1000 级、10000 级、100000 级。

国际标准则将无菌室划分为五个等级：1 级、2 级、3 级、4 级、5 级。洁净室一般实施两级隔离，一级隔离通过生物安全柜、负压隔离器、正压防护服、手套、眼罩等实现；二级隔离通过实验室的建筑、空调净化和电气控制系统来实现。但由于净化空调理论需要风量小，为了安全起见，风量都按大的估算，一般都要超过规范的规定。二级～四级生物安全实验室均应实施两级隔离。

（2）无菌室的设置

无菌室应根据既经济又科学的原则来设置。其基本要求有以下几点：

①无菌室应有内、外两间，内间是无菌室，外间是缓冲室。房间容积不宜过大，以便于空气灭菌。内间面积 2×2.5=5m²，外间面积 1×2=2m²，高以 2.5m 以下为宜，都应有天花板。

②内间设拉门，以减少空气的波动，门应设在离工作台最远的位置上；外间的门

最好也用拉门，要设在距内间最远的位置上。

③在分隔内间与外间的墙壁或"隔扇"上，应开一个小窗，作为接种过程中必要的内外传递物品的通道，以减少人员进出内间的次数，降低污染程度。小窗宽60cm、高40cm、厚30cm，内外都挂对拉的窗扇。

④无菌室容积小而严密，使用一段时间后，室内温度很高，故应设置通气窗。通气窗应设在内室进门处的顶棚上（即离工作台最远的位置），最好为双层结构，外层为百叶窗，内层可用抽板式窗扇。通气窗可在内室使用后、灭菌前开启，以流通空气。有条件可安装恒温恒湿机。

（3）无菌室内设备和用具

①无菌室内的工作台，不论是什么材质、用途，都要求表面光滑和台面水平。

②在内室和外室各安装一个紫外线灯（多为30W）。内室的紫外线灯应安装在经常工作的座位正上方，离地面2m，外室的紫外线灯可安装在外室中央。

③外室应有专用的工作服、鞋、帽、口罩、盛有来苏儿水的瓷盆和毛巾、手持喷雾器和5%石炭酸溶液等。

④内室应有酒精灯、常用接种工具、不锈钢制的刀、剪、镊子、70%的酒精棉球、工业酒精、载玻璃片、特种蜡笔、记录本、铅笔、标签纸、胶水、废物筐等。

（4）无菌室的消毒与熏蒸

①甲醛和高锰酸钾混合熏蒸。一般每平方米需40%甲醛10mL、高锰酸钾8mL，进行熏蒸。使用时，先密闭门窗，将甲醛溶液盛入容器中，然后倒入量好的高锰酸钾，人员随之离开接种室，关紧房门，熏蒸20min～30min即可。

②0.1%升汞水。消毒用0.1%升汞水浸过的纱布或海绵进行擦拭，或用喷雾器喷雾灭菌，使箱内的上下左右都沾上升汞水，手也可用升汞水消毒，并把袖子卷起来。喷雾后20min～30mim，箱内的杂菌和雾滴一起落到箱底被杀死，内部的空气就变得很清洁。

③紫外线照射灭菌。在无菌箱中装一支200V、30W的紫外线灯管；每次开20min～30min，即可达到空间杀菌的目的。照射结束后，罩黑布0.5h，以增强杀菌效果。

④石炭酸喷雾。在每次接种之前，用5%石炭酸溶液喷雾，可促使空气中的微粒和杂菌沉降，防止桌面微尘飞扬，并有杀菌作用。

⑤石灰揩擦。经常用药物熏蒸，易造成酸性环境，特别用甲醛和高锰酸钾熏蒸长久，污染往往越来越严重，预防办法是把各种药品交替使用，过一段时间（约5周）用石灰擦洗一遍。实践证明，这样做效果很好。

（5）无菌室工作规程

①无菌室灭菌，每次使用前开启紫外线灯照射 30min 以上，或在使用前 30min，对内外室用 5% 石炭酸喷雾。

②用肥皂洗手后，把所需器材搬入外室；在外室换上已灭菌的工作服、工作帽和工作鞋，戴好口罩，然后用 2% 煤酚皂液将手浸洗 2min。

③将各种需用物品搬进内室清点、就位，用 5% 石炭酸在工作台面，上方和操作员站位空间喷雾，返回外室，5min～10min 后再进内室工作。

④接种操作前，用 70% 酒精棉球擦手；进行无菌操作时，动作要轻缓，尽量减少空气波动和地面扬尘。

⑤工作中应注意安全。如遇棉塞着火，用手紧握或用湿布包裹熄灭，切勿用嘴吹，以免扩大燃烧；如遇有菌培养物洒落或打碎有菌容器时，应用浸润 5% 石炭酸的抹布包裹后，并用浸润 5% 石炭酸的抹布擦拭台面或地面，用酒精棉球擦手后再继续操作。

⑥工作结束，立即将台面收拾干净，将不应在无菌室存放的物品和废弃物全部拿出无菌室后，对无菌室用 5% 石炭酸喷雾，或开紫外线灯照射 30min。

4. 恒温培养室

（1）培养室的设置

①培养室应有内、外两间，内室是培养室，外室是缓冲室。房间容积不宜大，以利于空气灭菌，内室面积为 $3.2 \times 4.4 \approx 14m^2$，外室面积为 $3.2 \times 1.8 \approx 6m^2$，高以 2.5m 左右为宜，都应有天花板。

②分隔内室与外室的墙壁上部应设带空气过滤装置的通风口。

③为满足微生物对温度的需要，应安装恒温恒湿机。

④内外室都应在室中央安装紫外线灯，以供灭菌用。

（2）培养室内设备及用具

①内室通常配备培养架和摇瓶机（摇床）。常用的摇瓶机有旋转式、往复式两种。

②外室应有专用的工作服、鞋、帽、口罩、手持喷雾器和 5% 石炭酸溶液、70% 酒精棉球等。

（3）培养室的灭菌、消毒

同无菌室的灭菌、消毒措施。小规模的培养可不启用恒温培养室，而在恒温培养箱中进行。

5. 普通实验室

进行微生物的观察、计数和生理生化测定工作的场所。室内的陈设因工作侧重点不同而有很大的差异。一般均配备实验台、显微镜、柜子及凳子。实验台要求平整、光滑，实验柜要足以容纳日常使用的用具及药品等。

二、致病性微生物检测实验室基本要求

致病性微生物检测对实验室的环境、人员、设备、检验用品四个方面进行了要求。

（1）环境要求

①实验室环境不应影响检验结果的准确性。

②实验室的工作区域应与办公室区域明显分开。

③实验室工作面积和总体布局应能满足从事检验工作的需要，实验室布局应采用单方向工作流程，避免交叉污染。

④实验室内环境的温度、湿度、照度、噪声和洁净度等应符合工作要求。

⑤一般样品检验应在洁净区域（包括超净工作台或洁净实验室）进行，洁净区域应有明显的标示。

⑥致病性微生物分离鉴定工作应在二级生物安全实验室进行。

（2）人员要求

①检验人员应具有相应的教育、微生物专业培训经历，具备相应的资质，能够理解并正确实施检验。

②检验人员应掌握实验室生物检验安全操作知识和消毒知识。

③检验人员应在检验过程中保持个人整洁与卫生，防止人为污染样品。

④检验人员应在检验过程中遵守相关预防措施的规定，保证自身安全。

⑤有颜色视觉障碍的人员不能执行涉及辨色的检验。

（3）设备要求

①实验室设备应满足检验工作的需要。

②实验室设备应放置于适宜的环境条件下，便于维护、清洁、消毒与校准，并保持整洁与良好的工作状态。

③实验室设备应定期进行检查、检定（加贴标识）、维护和保养，以确保工作性能和操作安全。

④实验室设备应有日常性监控记录和使用记录。

（4）检验用品

①常规检验用品主要有接种环（针）、酒精灯、镊子、剪刀、药匙、消毒棉球、硅胶（棉）塞、微量移液器、吸管、吸球、试管、平皿、微孔板、广口瓶、量筒、玻棒及 L 形玻棒等。

②检验用品在使用前应保持清洁和（或）无菌。常用的灭菌方法包括湿热法、干热法、化学法等。

③需要灭菌的检验用品应放置在特定容器内或用合适的材料（如专用包装纸、铝箔纸等）包裹或加塞，应保证灭菌效果。

④可选择适用于微生物检验的一次性用品来替代反复使用的物品与材料（如培养皿、吸管、吸头、试管、接种环等）。

⑤检验用品的存放环境应保持干燥和清洁，已灭菌与未灭菌的用品应分开存放并明确标识。

⑥灭菌检验用品应记录灭菌/消毒的温度与持续时间。

三、实验室生物安全通用要求

1. 无菌操作要求

致病性微生物实验室工作人员，必须有严格的无菌观念，致病性微生物检验要求在无菌条件下进行。

①接种细菌时必须穿工作服、戴工作帽。

②进行接种食品样品时，必须穿专用的工作服、帽及拖鞋，应放在无菌室缓冲间，工作前经紫外线消毒后使用。

③接种食品样品时，应在进无菌室前用肥皂洗手，然后用75%酒精棉球将手擦干净。

④进行接种所用的吸管。平皿及培养基等必须经消毒灭菌，打开包装未使用完的器皿，不能放置后再使用。金属用具应高压灭菌或用95%酒精点燃烧灼三次后使用。

⑤从包装中取出吸管时，吸管尖部不能触及外露部位，使用吸管接种于试管或平皿时，吸管尖不得触及试管或平皿边。

⑥接种样品、转种细菌必须在酒精灯前操作，接种细菌或样品时，吸管从包装中取出后及打开试管塞都要通过火焰消毒。

⑦接种环和针在接种细菌前应经火焰烧灼全部金属丝，必要时还要烧到环和针与杆的连接处，接种结核菌和烈性菌的接种环应在沸水中煮沸5min，再经火焰烧灼。

⑧吸管吸取菌液或样品时，应用相应的橡皮头吸取，不得直接用嘴吸。

2. 无菌室无菌程度的检测

无菌室的标准应符合良好作业规范（good manufacturing practice，GMP）洁净度的标准要求（表1-1）。无菌室在消毒处理后、无菌试验前及操作过程中需检查空气中的菌落数，以此来判断无菌室是否达到规定的洁净度，常有沉降菌和浮游菌测定方法。

表 1-1　GMP 规定的洁净度

洁净度等级	浮游菌 CFU/m³	沉降菌（φ90mm） CFU/4h	表面微生物	
			接触（φ50mm） CFU/碟	5 指手套 CFU/手套
A 级	<1	<1	<1	<1
B 级	10	5	5	5
C 级	100	50	25	—
D 级	200	100	50	—

（1）沉降菌检测方法

以无菌方式将 3 个营养琼脂平板带入无菌操作室，在操作区台面左、中、右各放 1 个；打开平板盖，在空气中暴露 30min 后将平板盖好，置 32.5℃ ±2.5℃培养 48h，取出检查。每批培养基应选定 3 只培养皿作对照培养。

（2）浮游菌检测方法

用专门的采样器，宜采用撞击法机制的采样器，一般采用狭缝式或离心式采样器，并配有流量计和定时器，严格按仪器说明书的要求操作并定时校验，采样器和培养皿进入被测房间前先用消毒房间的消毒剂灭菌，使用的培养基为营养琼脂培养基或《中华人民共和国药典》认可的其他培养基。使用时，先开动真空泵抽气，时间不少于 5min，调节流量、转盘、转速。关闭真空泵，放入培养皿，盖上采样器盖子后调节缝隙高度。置采样口采样点后，依次开启采样器、真空泵，转动定时器，根据采样量设定采样时间。全部采样结束后，将培养皿置 32.5℃ ±2.5℃培养 48h，取出检查。每批培养基应选定 3 只培养皿作对照培养。

（3）监测无菌室洁净程度的注意事项

①采样装置采样前的准备及采样后的处理，均应在设有高效空气过滤器排风的负压实验室进行操作，该实验室的温度为 22℃ ±2℃；相对湿度为 50%±10%。

②采样器应消毒灭菌，采样器选择应审核其精度和效率，并有合格证书。

③浮游菌采样器的采样率宜大于 100L/min；碰撞培养基的空气速度应小于 20m/s。

3. 消毒灭菌的要求

微生物检测用的玻璃器皿、金属用具及培养基、被污染和接种的培养物等，必须经灭菌后方能使用。

4. 有毒有菌污物处理要求

微生物试验所用试验器材、培养物等未经消毒处理，一律不得带出实验室。

①经培养的污染材料及废弃物应放在严密的容器或铁丝筐内，并集中存放在指定地点，待统一进行高压灭菌。

②经微生物污染的培养物，必须经 121℃、30min 高压灭菌。

③染菌后的吸管，使用后放入 5% 煤酚皂溶液或碳酸溶液中，最少浸泡 24h（消毒液体不得低于浸泡的高度），再经 121℃、30min 高压灭菌。

④涂片染色冲洗片的液体，一般可直接冲入下水道，烈性菌的冲洗液必须冲在烧杯中，经高压灭菌后方可倒入下水道，染色的玻片放入 5% 煤酚皂溶液中浸泡 24h 后，煮沸洗涤。凝集试验用的玻片或平皿，必须高压灭菌后再洗涤。

⑤打碎的培养物，立即用 5% 煤酚皂溶液或碳酸溶液喷洒和浸泡被污染部位，浸泡 0.5h 后再擦拭干净。

⑥污染的工作服或进行烈性试验所穿的工作服、帽、口罩等，应放入专用消毒袋内，经高压灭菌后方能洗涤。

四、致病性微生物实验室良好工作行为

致病性微生物实验室是存在一定风险的，尤其是进行强致病菌检验的实验室。因此，致病性微生物实验室应当根据风险评估制定适用的良好操作规程，具备生物安全实验室标准的良好工作行为规范。

（1）建立并执行准入制度。所有进入人员要知道实验室的潜在危险，符合实验室的进入规定。

（2）确保实验室人员在工作地点可随时得到生物安全手册。

（3）建立良好的内务规程。对个人日常清洁和消毒进行要求，如洗手、淋浴（适时）。

（4）规范个人行为。在实验室工作区不要饮食、抽烟、处理隐形眼镜、使用化妆品、存放食品等。工作前，掌握生物安全实验室标准的良好操作规程。

（5）正确使用适当的个体防护装备，如手套、护目镜、防护服、口罩、帽子、鞋等。个体防护装备在工作中发生污染时，要更换后才能继续工作。

（6）戴手套工作。每当污染、破损或戴一定时间后，应更换手套；每当操作危险材料的工作结束后，应除去手套并洗手；离开实验室前，应除去手套并洗手。严格遵守洗手的规程。不要清洗或重复使用一次性手套。

（7）如果有可能发生微生物或者其他有害物质溅出，应戴防护眼镜。

（8）存在空气传播的风险时，应进行呼吸防护，用于呼吸防护的口罩在使用前一定要进行适配性试验。

（9）工作时要穿防护服。在处理生物危险材料时，穿着适用的定制防护服。离开实验室前按程序脱下防护服。用完的防护服要消毒之后再洗涤。工作用鞋要防水、防滑、耐扎、舒适，可有效保护脚部。

（10）安全使用移液管，要使用机械移液装置。

（11）配备降低锐器损伤风险的装置和建立操作规程。使用锐器时要注意：

①不要试图弯曲、折断、破坏针头等锐器，不要试图从一次性注射器上取下针头和套上的针头护套，必要时，使用专用工具操作；

②使用过的锐器要置于专用的耐扎容器中，不要超过规定的盛放容量；

③重复利用的锐器要置于专用的耐扎容器中，采用适当的方式消毒灭菌和清洁处理；

④不要试图直接用手处理打碎的玻璃器具等，尽量避免使用易碎的器具。

（12）按规程小心操作，避免发生溢洒或产生气溶胶，如不正确的离心操作、移液操作等。

（13）在生物安全柜或相当的安全隔离装置中进行有可能产生感染性气溶胶或飞溅物的操作。

（14）工作结束后或发生危险材料溢洒后，要及时使用适当的消毒灭菌剂对工作表面和被污染处进行处理。

（15）定期清洁试验设备。必要时使用消毒灭菌剂清洁实验室设备。

（16）不要在实验室内存放或放养与工作无关的动植物。

（17）所有的生物危险废物在处置前要进行可靠的消毒灭菌。需要运出实验室进行消毒灭菌的材料，要置于专用的防漏容器中运送，运出实验室前要对容器进行表面消毒灭菌处理。

（18）从实验室内运走的危险材料，要按照国家和地方或主管部门的有关要求进行包装。

（19）在实验室入口处设置生物危害标识。

（20）采用有效的防昆虫和啮齿类动物的措施，如防虫纱网、挡鼠板等。

（21）对实验室人员进行上岗培训并评估与确认其能力。需要时，实验室人员应接受再培训，如长期未工作、操作规程或有关政策发生变化等。

（22）制定有关职业禁忌证、易感人群和监督个人健康状态的规章制度。必要时，为实验室人员提供免疫计划、医学咨询或指导。

五、培养基与试剂的质量控制

1. 培养基

（1）微生物的营养

微生物同其他生物一样，需要不断地从外部环境中获取营养，才能够维持生命。微生物细胞主要由水、有机物和无机盐等化学成分组成，不同的微生物种类其细胞的化学组成也不相同，而且含量也有差异。因此，维持微生物生长所需要的化学元素的种类与含量也不相同。一般来说，细胞含有某种元素的量高则细胞对这种元素的需要量也就大，含量低则需要量也小。这也是为什么针对不同的微生物培养要选择不同的培养基。另外，同一种微生物在不同的培养基上的菌落形态也有差别，所以在选择培养基时要注意。

微生物所需要的营养物质按照它们在机体中的生理作用不同，可以分为水、碳源、氮源、能源、无机盐和生长因子六种类型。能被微生物用来构成细胞物质的或代谢产物中碳（氮）素来源的营养物质称为碳（氮）原物质；无机盐为微生物机体提供金属元素；有些微生物在含有氮源、碳源、无机盐的培养基上仍不能生长，而需要添加某些生长因子满足生长的需要，如维生素、氨基酸、嘌呤、碱基等。常用的营养物质包括：①碳源：单糖、淀粉等；②氮源：尿素、硫酸铵、蛋白胨、牛肉膏等；③无机盐：硫酸锌等。

（2）培养基的配制

培养基是人工配制的适合于不同微生物生长繁殖或积累代谢产物的营养基质，是进行微生物培养的基础。培养基的制备和质量控制按照 GB 4789.28—2024 的规定执行。

（3）培养基的类型及应用

培养基的种类很多，按培养基组成物质的化学成分分为合成培养基和天然培养基；根据物理状态不同分为固体培养基、半固体培养基和液体培养基（使用的凝固剂有琼脂、明胶和硅胶，硅胶是由无机的硅酸钠和硅酸钾被盐酸及硫酸中和时凝聚而成的胶体，不含有机物，因而适合于用来分离和培养自养型微生物）；根据培养基的特殊用途，可将培养基分成基础培养基、加富培养基、选择培养基、鉴别培养基等。

①基础培养基：含有一般微生物生长繁殖所需的基本营养物质的培养基。牛肉膏蛋白胨培养基是最常用的基础培养基。

②加富培养基：在普通培养基上加入其他营养物质，用以培养某种或某类营养要求苛刻的微生物。

③选择培养基：根据某种或某一类微生物的特殊营养需求或对某种化合物的敏感性不同而设计出来的一类培养基。利用这种培养基可以将某种或某类微生物从混杂的微生物群体中分离出来。例如，在培养基中加入青霉素或四环素等抗生素（生长抑制剂，抑制细菌和放线菌生长），可以分离酵母菌和霉菌；通过在培养基中加入结晶紫或提高培养基中氯化钠的浓度（7.5%），可以从混杂的微生物群体中分别分离出革兰氏阴性菌或葡萄球菌；加入孔雀石绿可以分离出革兰氏阳性菌。

④鉴别培养基：鉴别培养基是在培养基中加入某种试剂或化学药品，使培养后发

生某种变化，从而区别不同类型的微生物。鉴别培养基（differential medium）用于鉴别不同类型微生物的培养基。在培养基中加入某种特殊的化学物质，某种微生物在培养基中生长后能产生某种代谢产物，而这种代谢产物可以与培养基中的特殊化学物质发生特定的化学反应，产生明显的特征性变化，根据这种特征性变化，可将该种微生物与其他微生物区分开来。几种细菌由于对培养基中某一成分的分解能力不同，其菌落通过指示剂显示不同的颜色而被区分开，这种起鉴别和区分不同细菌作用的培养基，叫鉴别培养基。

2. 试剂

检验试剂的质量及配制应按 GB 4789.28—2024 的规定执行。对检验结果有重要影响的关键试剂应进行适用性验证。

（1）试剂耗材档案

①实验室所使用的试剂耗材均应建立档案来统一管理。

②试剂管理内容包括：名称、标准统一货号、规格、产地、供应商、库存量、出库量、剩余量。

③试剂、耗材须有严格的领用手续，并记录。

（2）试剂的选择

①所有自动分析仪均采用原装配套试剂以及校准品、质控物。由科主任组织采购小组负责评价、选购。不得随意更换，尤其是标准品和质控品。

②确需替代时，应对非配套的产品进行对比试验并记录。

③每批新试剂应对其灵敏度和特异性等作评价。

（3）试剂的配制

①自配试剂须由专业主管指定专人负责配制，并记录。

②原料以及溶液必须保证质量，量具应经校准。

③成品贴有标签［试剂名称、浓度（效价、滴度）］、贮存条件、配制的日期以及失效日期、配制人。

（4）试剂盒方法学评估

①真实性：测量值与实际值的符合程度。其评价方法包括特异性、灵敏度、一致性、约登指数。

②可靠性：相同条件下重复试验而获得相同结果的稳定程度，用变异系数评价。

③预示值：试验的诊断价值。

（5）试剂盒质量问题处理

一旦发现有试剂的质量问题时，应立即停用该批试剂盒，并更换使用其他同批号或不同批号的库存试剂。同时及时向科主任报告，与供应商联系，进行试剂调换。

3. 菌株

菌株的质量及配制应按 GB 4789.28—2024 的规定执行。

（1）应使用微生物菌种保藏专门机构或同行认可机构保存的、可溯源的标准或参考菌株。

（2）应对从食品、环境或人体分离、纯化、鉴定的，未在微生物菌种保藏专门机构登记注册的原始分离菌株（野生菌株）进行系统、完整的菌株信息记录，包括分离时间、来源、表型及分子鉴定的主要特征等。

（3）实验室应保存能满足试验需要的标准或参考菌株，在购入和传代保藏过程中，应进行验证试验，并进行文件化管理。应使用微生物菌种保藏专门机构或同行认可机构保存的、可溯源的标准或参考菌株。

（4）致病性菌（毒）种的存放：

①定点存放各种致病性菌（毒）种，存放设备应加锁。应有限制人员进出或接触（毒）种的措施。

②指定专职或兼职菌（毒）种保管员，管理员应具有生物学和菌（毒）种知识，责任心强，明确所管理的任务、目的和责任，能够胜任菌（毒）种保管工作。

③建立菌（毒）种登记制度，建立每株菌（毒）种的档案。

④建立菌（毒）种审批制度，在引进、传出或运输致病性菌（毒）种时，应经本单位生物安全管理委员会同意并登记备案，贮存的致病性菌（毒）种在销毁时也应经本单位生物安全管理委员会批准。其他菌（毒）种的管理由部门负责人负责即可。致病性菌（毒）种不能邮寄。

（5）高致病性菌（毒）种存放：

①生物安全一级防护及以下实验室不得存放和保藏各种高致病性菌（毒）种，高致病性菌（毒）种应在试验活动后及时销毁，或上交获得资格的保藏中心或专业实验室保管，在试验期间应登记样本的消耗情况。

②能够保藏高致病性菌（毒）种的单位应建立独立的存放点，有人员进出的限制措施，无关人员无法进入，存放设施和设备应做到"双人双锁"，确保菌（毒）种保管人或使用人单独无法取用。

③存放场所应具有防盗、防火和确保存放设施正常运转的条件，配备坚固的门、坚实的锁，并不设观察窗。必要时可装备防盗网、防盗窗、监视器、电子门锁等设施。

④保存场所和设备应有生物危险标识。

⑤存放场所应通风良好，配备温湿度控制设备和消防器材，围护结构应具有防火、防震功能。

⑥指定专职或兼职菌（毒）种保管员，管理员应具有生物学和菌（毒）种知识，

责任心强，明确所管理的任务、目的和责任，能够胜任菌（毒）种保管工作。

⑦建立菌（毒）种登记制度，对每株菌（毒）种都应建立档案，内容包括来源、制备、传代和保存的责任人、时间、方式，相关的保存设施和设备以及生物特性定期检定。

⑧建立菌（毒）种审批制度，无论引进、领取、使用、保存、传出或销毁均应经过审批、登记。

⑨销毁：一类病原微生物由生物安全管理委员会负责人及省卫生行政部门批准，二类由生物安全管理委员会负责人批准。

⑩异常情况的记录、报告和处理：发现异常情况应记录并报告。发生严重的环境污染或实验室人身感染事故或菌（毒）种丢失事件，应立即向单位生物安全管理委员会汇报，采取措施及时处理，严重时应向省级及以上卫生行政部门有关菌（毒）种保存管理中心书面报告。

复习思考题

（一）判断题

1.微生物营养物质中氮源的功能是提供氮素和能量来源。　　　（　　）

2.任何微生物培养基中均需含有碳源、氮源、无机盐、生长因子和水分等五种营养物质。　　　（　　）

3.结合水是以物理引力吸附在大分子物质上，不能作为溶剂或参与化学反应，因此也不能被微生物利用。　　　（　　）

4.选择性培养基在培养基中加入抑制剂，目的是抑制标本中的细菌生长。（　　）

5.沙门氏菌、志贺氏菌、金黄色葡萄球菌都是致病菌。　　　（　　）

6.BSL-2 可以操作沙门氏菌。　　　（　　）

7.无菌室的无菌程度测定方法：将已制备好的 3 个～5 个琼脂平皿放置在无菌室工作位置的左、中、右等处，并开盖暴露 15min，然后倒置于 36℃培养箱培养 24h，取出观察。　　　（　　）

（二）选择题

1.食品的 A_w 值在 0.60 以下，则认为（　　　）不能生长。

A.细菌　　　　　　B.霉菌　　　　　　C.酵母菌　　　　　　D.微生物

2. 相当一部分食品的原料都来自田地，而土壤素有（   ）的"大本营"之说。

A. 蛋白质   B. 矿物质   C. 维生素   D. 微生物

3. 无菌室的要求：无菌室（包括缓冲间、传递窗）每 $3m^2$ 的面积应配备一根功率为（   ）瓦的紫外线灯。

A. 25W   B. 30W   C. 40W   D. 60W

4. 无菌室每次使用前后应用紫外线灭菌灯消毒，照射时间不低于（   ）min。关闭紫外线灯 30min 后才能进入。

A. 30   B. 45   C. 60   D. 130

5. 无菌室霉菌较多时，先用 5% 石炭酸全面喷洒室内，再用（   ）熏蒸。

A. 甲醛   B. 乳酸

C. 甲醛和乳酸交替   D. 丙二醇溶液

6. （多选）能够通过食物传播的致病菌包括（   ）。

A. 霍乱弧菌   B. 单核细胞增生李斯特氏菌

C. 志贺氏菌   D. 副溶血性弧菌

E. 金黄色葡萄球菌

7. （多选）下列微生物检验实验室守则中，正确的描述是（   ）。

A. 进入实验室应穿着工作服，进入无菌室应戴口罩、帽子

B. 实验室内禁止用嘴湿润铅笔、标签、吸管等

C. 凡是要丢弃的培养物都应当经高压灭菌后处理

D. 吸过菌液的吸管可直接放在桌子上

E. 培养物可以随意丢弃

（三）简答题

1. 食品中水分活度指的是什么？它在食品微生物学中有何意义？

2. 对食品进行致病性微生物检验有何意义？

第二章　致病性微生物检测的基本程序

知识目标

1. 了解致病性微生物检测采样的目的和意义。
2. 掌握致病性微生物检测采样的方案与方法。
3. 掌握致病性微生物检测的基本方法及操作步骤。

能力目标

1. 掌握致病性微生物检测的采样过程，并流畅进行采样操作及正确填写采样标签。
2. 掌握致病性微生物检测的流程，熟练操作并正确填写检验结果和报告。

第一节　采样前准备

一、样品的采集目的和原则

食品微生物检验的第一步就是样品的采集，即从大量的分析对象中抽取有代表性的一部分作为检验材料（检验样品），这项工作称为样品的采集，简称采样。采样是一个困难而且需要非常谨慎的操作过程。确保从大量的被检测产品中采集到能代表整批被测物质质量的小量样品，必须遵守一定的规则，掌握适当的方法，并防止在采样过程中造成某种成分的损失或外来成分的污染。被检物品的状态可能有不同形态，如固态的、液态的或固液混合的。固态的可能因颗粒大小、堆放位置不同而带来差异，液态的可能因混合不均匀或分层而导致差异，采样时都应予以注意。

正确采样必须遵循的原则如下：第一，采集的样品必须具有代表性；第二，采样方法必须与分析目的保持一致；第三，采样及样品制备过程中设法保持原有的理化指标，避免预测组分发生化学变化或丢失；第四，要防止和避免预测组分的玷污；第五，样品的处理过程尽可能简单易行，所用样品处理装置尺寸应当与处理的样品量相适应。

二、采样标签的填写

采样标签主要内容包括样品编号、样品名称、生产单位、生产日期、生产批号、样品数量、存放条件、采样时间、采样人姓名、现场情况等（见表2-1）。所有盛样容器必须有和样品一致的标记。在标记上应记明产品标志与号码、样品顺序号以及其他需要说明的情况。标记应牢固，具防水性，字迹不会被擦掉或脱色。当样品需要托运或由非专职抽样人员运送时，必须封存样品容器。

表 2-1　采样单

样品编号：		样品名称：	
样品数量：		样品性状：	
产品名称：		规格型号：	
生产批号：		生产日期：	
采样地点：		环境温度/湿度：	
存放条件：			
检测项目：			
产品依据标准：			
采样人仔细阅读以下内容，然后签字：			
我认真负责地填写了该样品采样单，承诺以上填写的合法性，样品系按照采样方法取得的，该样品具有代表性、真实性和公正性。 采样人： 日　　期：　　　年　　月　　日			
备注：			
注：采样后应立即贴上标签，每件样品必须标记清楚（如样品编号、样品名称、生产日期、生产批号、样品数量、存放条件、采样时间、采样人姓名、现场情况），标记应牢固并具防水性，确保字迹不会被擦掉或脱色。			

第二节　样品采集方案与方法

一、样品采集的种类

在食品的检验中，所采集的样品必须具有代表性，即所取样品能够代表食物的所有部分。如果采集的样品没有代表性，即使一系列检验工作非常精密、准确，其结果也毫无价值，甚至会出现错误的结论。食品加工的批号、原料情况（来源、种类、地区、季节等）、加工方法、保藏条件、运输、销售中的各环节及销售人员的责任心和卫生认识水平等无不影响着食品的卫生质量，因此，要根据一小份样品的检验结果来说明一大批食品的质量或一起食物中毒的性质，就必须周密考虑，设计出一种科学的取样和样品制备方法。而采用什么样的取样方案主要取决于检验的目的，目的不同，取样方案也不同。检验目的可以是判定一批食品合格与否，可以是查找食物中毒病原微生物，还可以是鉴定畜禽产品中是否有人畜共患的病原体。

1. 按照样品采集的过程分类

（1）检样：由组批或货批中所抽取的样品称为检样。检样的多少，按该产品标准中检验规则所规定的抽样方法和数量执行。

（2）原始样品：将许多份检样综合在一起称为原始样品。原始样品的数量根据受检物品的特点、数量和满足检验的要求而定。

（3）平均样品：将原始样品按照规定方法经混合平均，均匀地分出一部分，称为平均样品。从平均样品中分出三份，一份用于全部项目检验；一份用于在对检验结果有争议或分歧时做复检用，称作复检样品；另一份作为保留样品，需封存保留一段时间（通常1个月），以备有争议时再做验证，但易变质食品不宜保留。

2. 按照样品采集的数量分类

（1）小样：又称为检样，一般以25g为准，用于检验分析。

（2）中样：从样品各个部分取的混合样，一般为200g。

（3）大样：一整批样品。

二、采样的方案及方法

1. 目前最为流行的采样方案为国际食品微生物规范委员会（ICMSF）推荐的采样方案和随机采样方案，ICMSF的采样方案依据事先给食品进行的危害程度划分来确定，将食品分成3种危害度：

①Ⅰ类危害，老人和婴幼儿食品及在食用前可能会增加危害的食品；

②Ⅱ类危害，立即食用的食品，在食用前危害基本不变；

③Ⅲ类危害，食用前经加热处理，危害减小的食品。

该采样方法是从统计学原理来考虑的，将检验指标对食品卫生的重要程度分成一般、中等和严重 3 档。根据以上危害度的分类，又将采样方案分成二级法和三级法（见表 2-2）。

二级法，设定 n、c 及 m 值，采样数只设合格判定标准 m 值，超过 m 值的，则为不合格品。例如，生食海产品鱼的 $n=5$、$c=0$、$m=10^2$、$n=5$，即采样 5 个，$c=0$ 意味着在该批检样中，未见到有超过 m 值的检样，此批货物为合格品。

三级法则有 n、c、m 及 M 值。设有微生物标准 m 及 M 值两个限量，如同二级法，超过 m 值的检样，即为不合格品。其中以 m 值到 M 值的范围内的检样数作为 c 值，如果在此范围内，即为附加条件合格，超过 M 值者，则为不合格。例如，冷冻生虾的细菌数标准 $n=5$、$c=3$、$m=10^1$、$M=10^2$，其意义是从一批产品中，取 5 个检样，经检样结果，允许≤3 个检样的菌数在 m 值到 M 值之间，如果有 3 个以上检样的菌数是在 m 值到 M 值之间或一个检样菌数超过 M 值者，则判定该批产品为不合格品。

表 2-2　采样方案及方法的分类

采样方法	指标重要性	指标菌	食品危害度Ⅲ	食品危害度Ⅱ	食品危害度Ⅰ
三级法	一般	菌落总数 大肠菌群 大肠杆菌 金黄色葡萄球菌	$n=5$ $c=3$	$n=5$ $c=2$	$n=5$ $c=1$
	中等	金黄色葡萄球菌 蜡样芽孢杆菌 产气荚膜梭菌	$n=7$ $c=2$	$n=5$ $c=1$	$n=5$ $c=1$
二级法	中等	沙门氏菌 副溶血性弧菌 致病性大肠杆菌	$n=5$ $c=0$	$n=10$ $c=0$	$n=20$ $c=0$
	严重	肉毒梭菌 霍乱弧菌 伤寒沙门氏菌 副伤寒沙门氏菌	$n=15$ $c=0$	$n=30$ $c=0$	$n=60$ $c=0$

注：n 指一批产品采样个数。

c 指该批产品的检样菌数中超过限量的检样数，即结果超过合格菌数限量的最大允许数。

m 指合格菌数限量，将可接受与不可接受的数量区分开。

M 指附加条件，判定为合格的菌数限量，表示边缘的可接受数与边缘的不可接受数之间的界限。

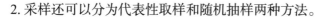

2. 采样还可以分为代表性取样和随机抽样两种方法。

代表性取样是用系统抽样的方法进行采样，即已经了解样品随位置和时间而变化的规律，按此规律进行取样。以便采集的样品能代表其相应部分的组成和质量。例如，分层采样、依生产程序流动定时采样、按批次和件数采样、定期抽取货架上陈列的食品的采样。

随机抽样就是按照随机的原则，从大批待检样品中抽取部分样品。为保证样品具有代表性，取样时应从被测样品的不同部位分别取样，混合后作为被检试样。随机抽样可以避免人为倾向因素的影响，但这种方法对难以混合的食品（如蔬菜、黏稠液体、面点等）达不到效果，必须结合代表性取样。

随机抽样常应用一些随机选择的方法。在这些随机选择方法中，检测人员必须建立特定的程序和过程以保证在总样品中每个样品均具有同等被选中的概率。相反，当不能选择到具有代表性的样品时，不能进行随机抽样。常用随机抽样方法如下。

（1）简单随机抽样

这种方法要求样品集中的每一个样品都有相同的被抽选概率，首先需要定义样品集，然后再进行抽选。当样品简单，样品集比较大时，基于这种方法的评估存在一定的不确定性。虽然这种方法易于操作，是简化的数据分析方式，但是被抽选的样品可能不能完全代表样品集。

（2）分层随机抽样

在这种方法中，样品集首先被分为不重叠的子集，称为层。如果从层中的采样是随机的，则整个过程称为分层随机抽样。这种方法通过分层降低了错误的概率，但当层与层之间很难清楚地定义时，可能需要复杂的数据分析。

（3）整群抽样

在简单随机抽样和分层随机抽样中，都是从样品集中选择单个样品。而整群抽样则从样品集中一次抽选一组或一群样品。这种方法在样品集处于大量分散状态时，可以降低时间和成本的消耗。这种方法不同于分层随机抽样，它的缺点也是有可能不能代表整群。

（4）系统抽样

这种方法中，首先在一个时间段内选取一个开始点，然后按有规律的间隔抽选样品。例如，从生产开始时采样，然后样品按一定间隔采集一次，如每 10 个采集一次。由于采样点分布更均匀，这种方法比简单随机抽样更精确，但是如果样品有一定周期性变化，则更容易引起误导。

（5）混合抽样

这种方法从各个散包中抽取样品，然后将两个或更多的样品组合在一起，以减少样品的差异。

3. 各类食品的采样方法不尽相同。食品种类繁多，包括罐头类食品、乳制品、饮料、蛋制品和各种小食品（糖果、饼干类）等。另外，食品的包装类型也很多，包括散装（粮食、食糖）、袋装（食糖）、桶装（蜂蜜）、听装（罐头、饼干）、木箱或纸盒装（禽、兔和水产品）、瓶装（酒和饮料类）等。食品采样的类型也不一样，有的是成品样品，有的是半成品样品，有的是对原料类型的样品采样。尽管商品的种类不同，包装形式也不同，但是采取的样品一定要具有代表性，也就是说采取的样品要能代表整个批次的样品结果，对于各种食品采样方法中都有明确的采样数量和方法说明。

（1）颗粒状样品（粮食、粉状食品）

对于这些样品，采样时应从某个角落，上、中、下各取一类，然后混合，用四分法得平均样品。粮食、粉状食品等均匀固体物料，按照不同批次采样，同一批次的样品按照采样点数确定具体采样的袋（桶、包）数，用双套回转取样管，插入每一袋的上、中、下三个部位，分别采样并混合在一起。

（2）半固体样品（如蜂蜜、稀奶油）

对桶（缸、罐）装样品，确定采样桶数后，用虹吸法分别从上、中、下三层取样，混合后再分取，缩减得到所需数量的平均样品。

（3）液体样品

液体样品先混合均匀，分层取样，每层取一定量，装入瓶中混匀得平均样品。

（4）小包装的样品

对于小包装的样品连同包装一起取样（如罐头、奶粉），一般按生产班次取样，取样数为1∶3000，尾数超过1000的取1罐，但是每天每个品种取样数不得少于3罐。

（5）鱼、肉、果蔬等组成不均匀的固体样品

不均匀的固体样品（如肉、鱼、果蔬等）类，根据检验的目的，可对各个部分（如肉包括脂肪、肌肉部分；蔬菜包括根、茎、叶等）分别采样，经过捣碎混合成为平均样品。如果分析水对鱼的污染程度，只取内脏即可。这类食品本身的各部位极不均匀，个体大小及成熟度差异大，更应该注意取样的代表性。个体较小的鱼类可随机取多个样，切碎、混合均匀后分取缩减至所需要的量；个体较大的鱼，若干个体上切割少量可食部分，切碎后混匀，分取缩减。

果蔬先去皮、核，只留下可食用的部分。体积小的果蔬（如葡萄等），随机取多个整体，切碎混合均匀后，缩减至所需量。对体积大的果蔬（如番茄、茄子、冬瓜、苹果、西瓜等），按个体的大小比例，选取若干个个体，对每个个体单独取样。取样方法是从每个个体生长轴纵向剖成4份，取对角线2份，再混合缩分，以减少内部差异；体积膨松型（如油菜、菠菜、小白菜等），应由多个包装（捆、筐）分别抽取一定数

量，混合后做成平均样品。包装食品（如罐头、瓶装饮料、奶粉等）不同批号，分批连同包装一起取样。如小包装外还有大包装，可按比例抽取一定的大包装，再从中抽取小包装，混匀后，作为采样需要的量。各类食品采样的数量、采样的方法如有具体规定，可予以参照。

三、采样的步骤和要求

1. 采样的步骤

采样前调查→现场观察→确定采样方案→采样→样品封存→开具采样证明。

2. 采样的要求

（1）严格遵守样品采样的操作规程。

（2）所采样品必须具有代表性。

（3）采样操作要防止污染，防止变质、损坏、丢失。

（4）不得加入防腐剂、固定剂等。

（5）样品采集和现场鉴定必须有两人以上参加。

3. 采样的注意事项

（1）一切采样工具（如采样器、容器、包装纸等）都应清洁、干燥、无异味，不应将任何杂质带入样品中。例如，作 3,4- 苯并芘测定的样品不可用石蜡封瓶口或用蜡纸包，因为有的石蜡含有 3,4- 苯并芘；检测微量和超微量元素时，要对容器进行预处理；作锌测定的样品不能用含锌的橡皮膏封口；作汞测定的样品不能使用橡皮塞；供微生物检验用的样品，应严格遵守无菌操作规程。

（2）设法保持样品原有微生物状况和理化指标，样品在进行检测之前不应被污染，不应发生变化。例如，作黄曲霉毒素 B_1 测定的样品，要避免阳光、紫外线灯照射，以免黄曲霉毒素 B_1 发生分解。

（3）感官性质极不相同的样品，切不可混在一起，应另行包装，并注明其性质。

（4）样品采集完后，应在 4h 之内迅速送往检测室进行分析检测，以免发生变化。

（5）盛装样品的器具上要贴牢标签，注明样品名称、采样地点、采样日期、样品批号、采样方法、采样数量、分析项目及采样人。

四、样品的运送与保存

抽样过程中应对所抽取样品进行及时、准确的标记；抽样结束后，应由抽样人出具完整的抽样报告，使样品尽可能保持在原有条件下迅速送到实验室。

抽样结束后应尽快将样品送往实验室检验。如不能及时运送，冷冻样品应存放在 -20℃冰箱或冷藏库内；冷却和易腐食品存放在 0℃～4℃冰箱或冷库内；其他食品可放在常温避光处。样品运送过程一般不超过 36h。运送冷冻和易腐食品应在包装容器内加适量的冷却剂或冷冻剂。保证样品途中不升温或不融化。必要时可于途中补加冷却剂或冷冻剂。

盛样品的容器应进行消毒处理，但不得用消毒剂处理容器。不能在样品中加入任何防腐剂。样品采集后，最好由专人立即送检。如不能由专人携带送样时，也可托运。托运前必须将样品包装好，应能防破损、防冻结或防易腐和冷冻样品升温或融化。在包装上应注明"防碎""易腐""冷藏"等字样。

做好样品运送记录，写明运送条件、采样日期、到达地点及其他需要说明的情况，并由运送人签字。

五、各类食品微生物样品的采集和制备

（一）肉与肉制品样品的采集与制备

1. 样品的采集

（1）生肉及脏器检样

如是屠宰场后的畜肉，可于开腔后，用无菌刀采取两腿内侧肌肉各 50g（或劈半后采取两侧背最长肌肉各 50g）；如是冷藏或销售的生肉，可用无菌刀取腿肉或其他部位的肌肉 100g。检样采取后放入无菌容器内，立即送检；如条件不允许时，最好不超过3h。送检时应注意冷藏，不得加入任何防腐剂。检样送往化验室应立即检验或放置冰箱暂存。

（2）禽类（包括家禽和野禽）

鲜冻家禽采取整只，放无菌容器内；带毛野禽可放清洁容器内，立即送检，以下处理要求同上述生肉。

（3）各类熟肉制品

包括酱卤肉、方圆腿、熟灌肠、熏烤肉、肉松、肉脯、肉干等，一般采取 200g，熟禽采取整只，均放无菌容器内，立即送检，以下处理要求同上述生肉。

（4）腊肠、香肚等生灌肠

采取整根、整只，小型的可采数根、数只，其总量不少于 250g。

2. 检样的处理

（1）生肉及脏器检样的处理

先将检样进行表面消毒（在沸水内烫 3s～5s 或灼烧消毒），再用无菌剪刀剪取检样

深层肌肉 25g，放入无菌乳钵内用灭菌剪刀剪碎后，加灭菌海砂或玻璃砂研磨，磨碎后加入灭菌水 225mL，混匀后即为 1 : 10 稀释液。

（2）鲜、冻家禽检样的处理

先将检样进行表面消毒，用灭菌剪刀或刀去皮后，剪取肌肉 25g（一般可从胸部或腿部剪取），以下处理同生肉。带毛野禽去毛后，同家禽检样处理。

（3）各类熟肉制品检样的处理

直接切取或称取 25g，以下处理同生肉。

（4）腊肠、香肠等生灌肠检样的处理

先对生灌肠表面进行消毒，用灭菌剪刀取内容物 25g，以下处理同生肉。

注：以上样品的采集和送检及检样的处理均以检验肉禽及其制品内的细菌含量从而判断其质量鲜度为目的。如需检验肉禽及其制品受外界环境污染的程度或检验其是否带有某种致病菌，应用棉拭采样法。

3. 棉拭采样法和检样处理

检验肉禽及其制品受污染的程度，一般可用板孔 5cm² 的金属制规板，压在受检物上，将无菌棉拭稍沾湿，在板孔 5cm² 的范围内揩抹多次，然后将板孔规板移压另一点，用另一棉拭揩抹，如此共移压揩抹 10 次总面积 50cm²，共用 10 支棉拭，每支棉拭在揩抹完毕后应立即剪断或烧断后投入盛有 50mL 灭菌水的三角烧瓶或大试管中，立即送检。检验时先充分振摇，吸取瓶、管中的液体作为原液，再按要求作 10 倍递增稀释。

检验致病菌时，不必用规板，在可疑部位直接用棉拭揩抹即可。

（二）乳与乳制品样品的采集与制备

1. 样品的采集和送检

（1）散装或大型包装的乳品

用灭菌刀、勺取样，在移采另一件样品前，刀、勺先清洗灭菌。采样时应注意部位等代表性。每件样品数量不少于 200g，放入灭菌容器内及时送检。鲜乳一般不应超过 3h，在气温较高或路途较远的情况下应进行冷藏，不得使用任何防腐剂。

（2）小型包装的乳品

应采取整件包装，采样时应注意包装的完整。各种小型包装和乳与乳制品，每件样品量如下：生奶 1 瓶或 1 包；消毒奶 1 瓶或 1 包；奶粉 1 瓶或 1 包（大包装者 200g）；奶油 1 块（113g）；酸奶 1 瓶或 1 罐；炼乳 1 瓶或 1 罐；奶酪（干酪）1 个。

（3）成批产品

对成批产品进行质量鉴定时，其采样数量每批以千分之一计算，不足千件者抽取

1件。

2. 检样的处理

（1）鲜奶、酸奶

以无菌操作：去掉瓶口的纸罩纸盖，瓶口经火焰消毒后以无菌操作吸取 25mL 检样，放入装有 225mL 灭菌生理盐水的三角烧瓶内，振摇均匀（酸乳如有水分析出于表层，应先去除）。

（2）炼乳

将瓶或罐先用温水洗净表面，再用酒精棉球消毒瓶或罐的上表面，然后用灭菌的开罐器打开罐（瓶），以无菌操作称取 25g（mL）检样，放入装有 225mL 灭菌生理盐水的三角烧瓶内，振摇均匀。

（3）奶油

以无菌操作打开包装，取适量检样置于灭菌三角烧瓶内，在 45℃水浴或温箱中加温，溶解后立即将烧瓶取出，用灭菌吸管吸取 25mL 奶油放入另一含 225mL 灭菌生理盐水或灭菌奶油稀释液的烧瓶内（瓶装稀释液应预置于 45℃水浴中保温，作 10 倍递增稀释时所用的稀释液亦同），振摇均匀，从检样融化到接种完毕的时间不应超过 30min。

注：奶油稀释液配制方法为格林氏液（配法：氯化钠 9g，氯化钾 0.12g，氯化钙 0.24g，碳酸氢钠 0.28g，蒸馏水 100mL）250mL，蒸馏水 750mL，琼脂 1g，加热溶解，分装每瓶 25mL，121℃灭菌 15min。

（4）奶粉

罐装奶粉的开罐取样法同炼乳处理，袋装奶粉应用蘸有 75% 酒精的棉球涂擦消毒袋口，以无菌操作开封取样，称取检样 25g，放入装有适量玻璃珠的灭菌三角烧瓶内，将 225mL 温热的灭菌生理盐水徐徐加入（先用少量生理盐水将奶粉调成糊状，再全部加入，以免奶粉结块），振摇使充分溶解和混匀。

（5）奶酪

先用灭菌刀削去部分表面封蜡，用点燃的酒精棉球消毒表面，然后用灭菌刀切开奶酪，以无菌操作切取表层和深层检样各少许，置于灭菌乳钵内切碎，加入少量生理盐水研成糊状。

（三）蛋与蛋制品样品的采集与制备

1. 样品的采集

（1）鲜蛋

先用流水冲洗鲜蛋外壳，再用 75% 酒精棉球涂擦消毒后放入灭菌袋内，加封做好标记后送检。

（2）全蛋粉、巴氏消毒全蛋粉、蛋黄粉、蛋白片

将包装铁箱上开口处用75%酒精棉球消毒，然后将盖开启，用灭菌的金属制双层旋转式套管采样器斜角插入箱底，使套管旋转收取检样，再将采样器提出箱外，用灭菌小匙自上、中、下部采集检样，装入灭菌广口瓶中，每个检样质量不少于100g，标记后送检。

（3）冰全蛋、巴氏消毒冰全蛋、冰蛋黄、冰蛋白

先将包装铁箱开口处用75%酒精棉球消毒，然后将盖开启，用灭菌电钻由顶到底斜角钻入，徐徐钻取检样。然后抽出电钻，从中取出检样200g装入灭菌广口瓶中，标明后送检。

（4）对成批产品进行质量鉴定时的采样数量

蛋粉、巴氏消毒全蛋粉、蛋黄粉、蛋白片等产品以一日或一班生产量为一批，检验沙门氏菌时，按每批总量5%抽样，但每批最少不得少于3个检样。测定菌落总数和大肠菌群时，每批按装罐过程前、中、后取样3次，每次取样50g，每批合为一个检样。

冰全蛋、巴氏消毒冰全蛋、冰蛋黄、冰蛋白等产品按每500kg取样一件。菌落总数测定和大肠菌群测定时，在每批装罐过程前、中、后取样3次，每次取样50g合为一个检样。

2. 检样的处理

（1）鲜蛋外壳

用灭菌生理盐水浸湿的棉拭充分擦拭蛋壳，然后将棉拭直接放入培养基内增菌培养，也可将整只鲜蛋放入灭菌小烧杯或平皿中，按检样要求加入定量灭菌生理盐水或液体培养基，用灭菌擦拭将蛋壳表面充分擦洗后，以擦洗液作为检样检验。

（2）鲜蛋蛋液

将鲜蛋在流水下洗净，待干后再用酒精棉球消毒蛋壳，然后根据检验要求，打开蛋壳取出蛋白、蛋黄或全蛋液，放入带有玻璃珠的灭菌瓶内，充分摇匀待检。

（3）全蛋粉、巴氏消毒全蛋粉、蛋白片、蛋黄粉

将检样放入带有玻璃珠的灭菌瓶内，按比例加入灭菌生理盐水充分摇匀待检。

（4）冰全蛋、巴氏消毒冰全蛋、冰蛋黄、冰蛋白

将装有冰蛋检样的瓶子浸泡于流动冷水中，待检样融化后取出，放入带有玻璃珠的灭菌瓶中充分摇匀待检。

（5）各种蛋制品沙门氏菌增菌培养

以无菌操作称取检样，接种于亚硒酸盐煌绿或煌绿肉汤等增菌培养基中（此培养

基预先置于有适量玻璃珠的灭菌瓶内），盖紧瓶盖，充分摇匀，然后放入 36℃ ±1℃恒温箱中培养 20h ± 2h。

（6）接种以上各种蛋与蛋制品的数量及培养基的数量和成分

凡用亚硒酸盐煌绿增菌培养时，各种蛋与蛋制品的检样接种数量都为 30g，培养基数量都为 150mL。

（四）水产食品样品的采集与制备

1. 样品的采集

赴现场采取水产食品样品时，应按检验目的和水产品的种类确定采样量。除个别大型鱼类和海兽只能割取其局部作为样品外，一般都采取完整的个体，待检验时再按要求在一定部位采取检样。在以判断质量鲜度为目的时，鱼类和体形较大的贝甲类虽然应以个体为一件样品，单独采取，但当对一批水产品做质量判断时，仍须采取多个个体进行多件检验以反映全面质量。一般小型鱼类和对虾、小蟹，因个体过小在检验时只能混合采取检样，在采样时可采数量更多的个体，一般可采 500g～1000g；鱼糜制品（如灌肠、鱼丸等）和熟制品采取 250g，放入灭菌容器内。

水产食品含水较多，体内酶的活力也较旺盛，易于变质。因此，在采好样品后应在 8h 内送检，在送检过程中一般都应加冰保藏。

2. 检样的处理

（1）鱼类

鱼类采取检样的部位为背肌。先用流水将鱼体体表冲净，去鳞，再用 75% 酒精的棉球擦净鱼背，待干后用灭菌刀在鱼背部沿脊椎切开 5g，再沿直于脊椎的方向切开两端，两块背肌分别向两侧翻开，然后用无菌剪刀剪取 25g 鱼肉，放入灭菌乳钵内，用灭菌剪刀剪碎，加灭菌海砂或玻璃砂研磨（有条件情况下可用均质器），检样磨碎后加入 225mL 灭菌生理盐水，混匀成稀释液。

在剪取肉样时要仔细操作，勿触破及粘上鱼皮。如果是鱼糜制品和熟制品，则放入乳钵内进一步捣碎后，再加生理盐水，混匀成稀释液。

（2）虾类

虾类采取检样的部位为腹节内的肌肉。将虾体在流水下冲净，摘去头胸节，用灭菌剪刀剪除腹节与头胸节连接处的肌肉，然后挤出腹节内的肌肉，取 25g 放入灭菌乳钵内。以后操作同鱼类检样处理。

（3）蟹类

蟹类采取检样的部位为胸部肌肉。将蟹体在流水下冲洗，剥去壳盖和腹脐，去除鳃条。再置流水下冲净。用 75% 酒精棉球擦拭前后外壁。置灭菌搪瓷盘上待干。然后用灭菌剪刀剪开，成左右两片，用双手将一片蟹体的胸部肌肉挤出（用手指从足跟一端剪开的一端挤压），称取 25g，置灭菌乳钵内。以后操作同鱼类检样处理。

（4）贝壳类

贝壳类采样部位为贝壳内容物。先用流水刷洗贝壳，刷净后放在铺有灭菌毛巾的清洁的搪瓷盘或工作台上，采样者将双手洗净并用 75% 酒精棉球擦拭消毒后，用灭菌小刀从贝壳的张口处缝隙中徐徐切入，撬开壳盖，再用灭菌镊子取出整个内容物，称取 25g 置灭菌乳钵内，以下操作同鱼类检验处理。

上述检验处理的方法和检验部位均以检验水产品肌肉内细菌含量从而判断其新鲜度为目的。如须检验水产食品是否污染某种致病菌时，其检验部位应为胃肠消化道和鳃等呼吸器官：鱼类检取肠管和鳃；虾类检取头胸节内的内脏和腹节外沿处的肠管；蟹类检取胃和鳃条；贝类中的螺类检取腹足肌肉以下的部分，贝类中的双壳类检取覆盖在斧足肌肉外层的内脏和瓣鳃。

（五）软饮料、冷冻饮品样品的采集与制备

1. 样品采集

（1）碳酸饮料、瓶（桶）装饮用水、果汁（浆）及果汁饮料、含乳饮料、果味水、果子露、酸梅汤、固体饮料等采取样品时应采取原瓶（罐）、袋和盆装样品，散装者应用无菌操作采取 500mL，放入灭菌磨口瓶中。

（2）冰淇淋、冰棍采集样品时应取原包装样品，散装者用无菌操作取样，放入灭菌磨口瓶中，再放入冷藏或隔热容器中。

（3）食用冰块取样应取冷冻冰块放入灭菌容器中。以上所有的样品采集后，应立即送检，最多不超过 3h。

2. 样品的采集数量

（1）碳酸饮料、果汁：采样时以四杯为一件，大包装者，一瓶或一桶为一件。

（2）散装饮料：采取 500mL。

（3）固体饮料：瓶装采取一瓶为一件，散装取 500g。

（4）冰棍：如班产量为 2 万支以下者，一班为一批；班产量 2 万支以上者，以工作台为一批。一批取 3 件，一件取 3 支。

（5）冰淇淋：以一杯为 1 件，散装取 200g。

（6）食用冰块：以 500g 为 1 件。

3. 样品的处理

（1）瓶（罐）装饮料

用点燃的酒精棉球灼烧瓶口灭菌，用石炭酸纱布盖好。塑料瓶口可用 75% 酒精棉

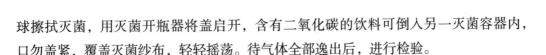

球擦拭灭菌，用灭菌开瓶器将盖启开，含有二氧化碳的饮料可倒入另一灭菌容器内，口勿盖紧，覆盖灭菌纱布，轻轻摇荡。待气体全部逸出后，进行检验。

（2）冰棍

用灭菌镊子除去包装纸，将冰棍部分放入灭菌磨口瓶内，木棒留在瓶外，盖上瓶盖，用力抽出木棒，或用灭菌剪刀剪掉木棒，置45℃水浴30min，溶化后立即进行检验。

（3）冰淇淋

放在灭菌容器内，待其溶化立即进行检验。

（六）调味品样品的采集与制备

调味品包括酱油、酱类和醋等，是以豆类、谷类为原料发酵而成的食品，往往由于原料污染及加工制作、运输中不注意卫生而污染上肠道细菌、球菌及需氧和厌氧芽孢杆菌。

1. 样品的采集

（1）酱油和食醋

装瓶者采取原包装，散装样品可用灭菌吸管采取。

（2）酱类

用灭菌勺子采取，放入灭菌磨口瓶内送检。

2. 检样的处理

（1）瓶装样品

用点燃的酒精棉球烧灼瓶口灭菌，用石炭酸纱布盖好，再用灭菌开瓶器启开后进行检验。

（2）酱类

用无菌操作称取25g。放入灭菌容器内，加入灭菌蒸馏水225mL，制成混悬液。

（3）食醋

用200g/L～300g/L灭菌碳酸钠溶液调pH至中性。

（七）冷食菜、豆制品样品的采集与制备

冷食菜多为蔬菜和熟肉制品不经加热而直接食用的凉拌菜。该类食品由于原料、半成品、炊事员及炊事用具等消毒灭菌不彻底，造成细菌的污染。豆制品是以大豆为原料制成的含有大量蛋白质的食品，该类食品大多由于加工后，在盛器、运输及销售等环节不注意卫生，沾染了存在于空气、土壤中的细菌。这两类食品如不加强卫生管理，极易造成食物中毒及肠道疾病的传播。

1. 样品的采集

（1）冷食菜

采取时将样品混匀，采集后放入灭菌容器内。

（2）豆制品

采集接触盛器边缘、底部及上面不同部位样品，放入灭菌容器内。

2. 样品采集数量

冷食菜及豆制品均采样200g。

3. 检样的处理

以无菌操作称取25g检样，放入225mL灭菌蒸馏水，制成混悬液。

（八）糖果、糕点果脯样品的采集与制备

糖果、糕点果脯等类食品大多是由糖、牛奶、鸡蛋、水果等为原料制成的甜食。部分食品有包装纸，污染机会较少，但由于包装纸盒不清洁，或没有包装的食品放于不洁的容器内也可造成污染。带馅的糕点往往因加热不彻底、存放时间长而温度高，可使细菌大量繁殖造成食品变质。因此，对这类食品进行微生物学检验是很有必要的。

1. 样品的采集

糕点、果脯可用灭菌镊子夹取不同部位样品，放入灭菌容器内；糖果采取原包装样品，采取后立即送检。

2. 样品的处理

（1）糕点

如为原包装，用灭菌镊子夹下包装纸，采取外部及中心部位；如为带馅糕点，取外皮及内馅25g；如为奶花糕点，采取奶花及糕点部分各一半共25g，加入225mL灭菌生理盐水中，制成混悬液。

（2）果脯

果脯检样，采取不同部位25g检样，加入灭菌生理盐水225mL，制成混悬液。

（3）糖果

糖果检样，用灭菌镊子夹取包装纸，称取数块共25g。加入预温至45℃的灭菌生理盐水225mL，待溶化后检验。

（九）酒类样品的采集与制备

酒类一般不进行微生物学检验，进行检验的主要是酒精度低的发酵酒。因酒精度低，不能抑制细菌生长。污染主要来自原料或加工过程中不注意卫生操作而沾染水、土壤及空气中的细菌，尤其散装生啤酒，因不加热往往存在大量细菌。

1. 样品的采集

酒类样品，若是瓶装酒类应采取原包装样品 2 瓶，若是散装酒类应用灭菌容器采取 500mL，放入灭菌磨口瓶中送检。

2. 样品的处理

（1）瓶装酒类

瓶装酒类用点燃的酒精棉球烧灼瓶口灭菌，用石炭酸纱布盖好，再用灭菌开瓶器将盖启开，含有二氧化碳的酒类可倒入另一灭菌容器内，口勿盖紧，覆盖一灭菌纱布，轻轻摇荡，待气体全部逸出后，进行检验。

（2）散装酒类

散装酒类可直接吸取，进行检验。

（十）方便面（速食米粉）样品的采集与制备

随着生活水平的提高和生活节奏的加快，方便食品颇受人们的欢迎，销售量越来越大。方便面（米粉）是最具代表性的方便食品，方便面（米粉）是以小麦粉、荞麦粉、绿豆粉、米粉等为主要原料，添加食盐或面质改良剂，加适量水调制、压延、成型、汽蒸后，经油炸或干燥处理，达到一定熟度的粮食制品。同类食品还有即食粥、速煮米饭等。这类食品大部分均有包装，污染机会少，但往往由于包装纸盒不清洁或没有包装的食品放于不清洁的容器内，造成污染。此外，也常在加工、存放、销售各环节中污染了大量细菌和霉菌，而造成食品变质。这类食品不仅会被非致病菌污染，有时还会感染沙门氏菌、志贺氏菌、金黄色葡萄球菌、溶血性链球菌和霉菌及其毒素。

1. 样品的采集

袋装及碗装方便面（米粉）、即食粥、速煮米饭 3 袋（碗）为 1 件，简易包装的采取 200g。

2. 样品的处理

（1）未配有调味料的方便面（米粉）、即食粥、速煮米饭用无菌操作开封取样，称取样品 25g，加入 225mL 灭菌生理盐水制成 1∶10 匀质液。

（2）配有调味料的方便面（米粉）、即食粥、速煮米饭用无菌操作开封取样，将面（粉）块、干饭粒和全部调料及配料一起称重，按 1∶1（kg/L）加入灭菌生理盐水，制成检样匀质液。然后再称取 50mL 匀质液加至 200mL 灭菌生理盐水中，成为 1∶10 的稀释液。

第三节　样品的致病性微生物检验

一、样品的预处理方法

由于食品样品种类多，来源复杂，各类预检样品并不是拿来就能直接检验，而是要根据食品种类的不同性状，经过预处理后制备成稀释液才能进行各项有关的检验。样品在预处理好后，应尽快进行检验。

1. 液体样品

液体样品指黏度不超过牛乳的非黏性食品，可直接用灭菌吸管准确吸取 25mL 样品加入 225mL 蒸馏水或生理盐水及有关检验的增菌液中，制成 1：10 稀释液。吸取前要将样品充分混合，在开瓶、开盖等打开样品容器时，一定要注意表面消毒，无菌操作。用点燃的酒精棉球灼烧瓶口灭菌，用石炭酸纱布盖好，再用灭菌开瓶器将盖打开。含有二氧化碳的液体饮料先倒入灭菌的小瓶中，覆盖灭菌纱布，轻轻摇荡，待气体全部逸出后再进行检验。酸性食品用 100g/L 灭菌的碳酸钠调 pH 至中性后再进行检验。

2. 固体或黏性液体食品

此类样品无法用吸管吸取，可用灭菌容器称取检样 25g，加至预温 45℃ 的灭菌生理盐水或蒸馏水 225mL 中，摇荡溶化或使用振荡器振荡溶化，尽快检验。从样品稀释到接种培养，一般不超过 15min。

（1）固体食品的处理

固体食品的处理相对较复杂，处理方法主要有以下几种。

①捣碎均质法。将 100g 或 100g 以上样品剪碎混匀，从中取 25g 放入带 225mL 无菌稀释液的无菌均质杯中，以 8000r/min～10000r/min 均质 1min～2min，这是对大部分食品样品都适用的办法。

②剪碎振摇法。将 100g 或 100g 以上样品剪碎混匀，从中取 25g 进一步剪碎，装入带有 225mL 无菌稀释液和适量直径为 5mm 左右的玻璃珠的稀释瓶中，盖紧瓶盖，用力快速振摇 50 次，振幅不小于 40cm。

③研磨法。将 100g 或 100g 以上样品剪碎混匀，取 25g 放入无菌乳钵充分研磨后再放入带有 225mL 无菌稀释液的稀释瓶中，盖紧盖后，充分摇匀。

④整粒振摇法。有完整自然保护膜的颗粒状样品（如蒜瓣、青豆等）可以直接称取 25g 整粒样品置入带有 225mL 无菌稀释液和适量玻璃珠的无菌稀释瓶中，盖紧瓶

盖，用力快速振摇 50 次，振幅在 40cm 以上。

（2）冷冻样品的处理

冷冻样品在检验前要进行解冻。一般可 0℃～4℃解冻，时间不超 18h；也可在 45℃以下解冻，时间不超过 15min。样品解冻后，无菌操作称取检样 25g，置于 225mL 无菌稀释液中，制备成均匀的 1∶10 混悬液。

（3）粉状或颗粒状样品的处理

用灭菌或其他适用工具将样品搅拌均匀后，无菌操作称取检样 25g，置于 225mL 灭菌生理盐水中，充分振摇混匀或使用振荡器混匀，制成 1∶10 稀释液。

二、致病性微生物检验参考菌群的选择

致病菌即能够引起人们发病的细菌，在我国现有的国家标准中，致病菌一般指 "肠道致病菌和致病性球菌"，主要包括沙门氏菌、志贺氏菌、金黄色葡萄球菌、致病性链球菌等，致病菌一般不允许在食品中检出。

对不同的食品和不同的场合，应选择一定的参考菌群进行检验。

①蛋及蛋制品：沙门氏菌、葡萄球菌、变形杆菌等。

②水产品海产品：链球菌、副溶血性弧菌等。

③乳制品：沙门氏菌、志贺氏菌、葡萄球菌、链球菌、蜡样芽孢杆菌等。

④畜禽肉类：肠道致病菌和致病性球菌等。

⑤米面类：蜡样芽孢杆菌、变形杆菌、酵母霉菌等。

⑥罐头类：耐热性芽孢杆菌、嗜热脂肪杆菌、大芽孢杆菌、凝脂芽孢杆菌。

三、样品的检验过程

食品进行微生物检验的过程中每种指标都有一种或几种检验方法，可根据不同的食品、不同目的来选择恰当的检验方法。通常所用的常规检验方法为现行国家标准或国际标准（如联合国粮食及农业组织标准、世界卫生组织标准等），或食品进口国的标准（如美国食品药品监督管理局标准、日本厚生省标准、欧共体标准等）。

食品微生物检验室接到检验申请单，应立即登记，填写试验序号，并按检验要求立即将样品放在冰箱或冰盒中，积极准备条件进行检验。制备稀释好的检样，按不同的检验项目及时进行检验。食品微生物检验按国家标准检验方法规定，主要检验项目包括菌落总数、大肠菌群和致病菌的检验，其中致病菌的检验包括肠道致病菌检验和致病性球菌检验等。

第四节　检验结果报告与样品的处理

一、检验结果的报告

按检验项目完成各类检验后，检验人员应及时填写检验报告单，签名后送主管人员核实签字，加盖单位印章，以示生效，立即交食品卫生监督人员处理。

二、样品的保留与处理

检验报告发出后，阴性样品可及时处理，阳性样品要待报告发出 3d 后（特殊情况可适当延长）方能处理。进口食品的阳性样品，应保存 6 个月，方能处理。

复习思考题

（一）判断题

1.微生物检验接种是指将微生物的纯种或含有微生物的材料转移到适于它生长繁殖的人工培养基上或活的生物体内的过程。　　　　　　　　　　　　　　（　　）

2.微生物检验时，对已打开包装但未使用完的器皿，可以重新包装好留待下次使用。　　　　　　　　　　　　　　　　　　　　　　　　　　　　　（　　）

3.采样必须在无菌操作下进行，采样工具在使用之前，应湿热灭菌，也可以干热灭菌，还可以用消毒剂消毒进行处理。　　　　　　　　　　　　　　　（　　）

4.微生物实验室中的废弃物可以与生活垃圾一起丢弃。　　　　　　　（　　）

5.用于微生物检验所采的样品必须有代表性，按检验目的采取相应的采样方法。

　　　　　　　　　　　　　　　　　　　　　　　　　　　　　　　　（　　）

6.微生物检验采样时，盛样容器的标签上必须标明样品名称和样品顺序号以及其他需要说明的情况。　　　　　　　　　　　　　　　　　　　　　　　（　　）

7.微生物检验样品制备的全部过程均应遵循无菌操作程序。开启样品容器前，先将容器表面擦干净，然后用 75% 酒精消毒开启部位及其周围。　　　　　　（　　）

（二）选择题

1. 由微生物引起食品变质的基本条件是食品特性、环境条件以及（　　　）。

A. 人员因素　　　　　　　　　　B. 加工因素

C. 微生物的种类及数量　　　　　D. 以上都是

2. 微生物检验样品的大样是从样品（　　　）取得的混合样品。

A. 各部分　　　　B. 一部分　　　　C. 大部分　　　　D. 指定部分

3. 微生物检验采样时，非即食类预包装小于500g的固态食品的取样，是取相同批次的（　　　）零售预包装。采样总量应满足微生物指标检验的要求。

A. 最小　　　　　B. 最大　　　　　C. 相同　　　　　D. 类似

4. 微生物检验采样时，盛样容器的标签应（　　　）、清楚。

A. 清洁　　　　　B. 清晰　　　　　C. 整洁　　　　　D. 完整

5. 微生物检验采样时，采样标签应（　　　），具防水性，字迹不会被擦掉或脱色。

A. 固定　　　　　B. 牢固　　　　　C. 稳固　　　　　D. 耐久磨损

6. 微生物检验采样后，易腐和冷藏样品的运送与保存时，应将样品置于（　　　）℃环境中（如冰壶）保存。

A. 0～4　　　　　B. 2～5　　　　　C. 4～8　　　　　D. 8～10

7. 微生物检验时从样品的均质到稀释和接种，相隔时间不应超过（　　　）。

A. 15min　　　　B. 30min　　　　C. 45min　　　　D. 60min

8.（多选）细菌学诊断中标本采集和运送的原则包括（　　　）。

A. 标本必须新鲜，采集后尽快送检

B. 在送检过程中，对脑膜炎球菌标本要进行保温

C. 在检验容器上要贴好标签

D. 尽可能采集病变明显部位的材料

E. 标本采集后可以常温放置一段时间

9.（多选）检测记录的基本要求有（　　　）。

A. 检测记录应做到如实、准确、完整、清晰

B. 记录的项目应完整，空白面应划斜线

C. 检测记录的格式和内容，应根据不同的检测对象不同的要求，合理编制

D. 检测报告必须由检测人编制，经审核人员审核后，由实验室技术负责人批准

E. 检测记录应由检测人和校核本人签名，以示对记录负责

F. 以上均不对

10.（多选）检测报告的基本要求是（　　　）。

A. 完整   B. 准确、清晰

C. 结论正确   D. 可靠

E. 格式统一

11.（多选）检验操作过程中无菌操作错误的是（　　　）。

A. 可以说话

B. 可以走来走去

C. 接种用具在使用前后都必须灼烧灭

D. 可以在火焰侧面进行操作

E. 可以打电话

（三）简答题

1. 食品微生物检验的范围包含哪些？

2. 简述食品中致病微生物检验的基本程序有哪些？

第三章　细菌典型生理生化反应试验基础原理

知识目标

1. 了解生化试验的注意事项。

2. 了解细菌鉴定中常用的生理生化试验反应原理。

3. 掌握测定细菌典型的生理生化试验的技术和方法。

能力目标

1. 掌握细菌典型的生理生化试验的操作方法。

2. 能熟练操作食品中细菌的典型生理生化试验，并对结果作出判断。

3. 学会根据细菌在培养基中的生理生化特点鉴定细菌。

第一节　细菌典型的生理生化试验

一、细菌鉴定的生理生化试验的目的和意义

一般来说，对一株从自然界或其他样品中分离纯化的未知菌种的鉴定要做以下几方面工作：

①个体形态观察，进行革兰氏染色，分辨是 G（＋）菌还是 G（－）菌。并观察其形状、大小、有无芽孢及其位置等。

②菌种形态观察，主要观察其形态、大小、边缘情况、隆起度、透明度、色泽、气味等特征。

③做动力试验，观察它能否运动及其鞭毛着生类型（端生、周生）。

④做生理生化反应及做血清学反应试验。最后根据以上试验项目的结果，通过查阅微生物分类检索表，给未知菌进行命名。

各种细菌具有各自独特的酶系统，因而对底物的分解能力不同，其代谢产物也不同。用生物化学方法测定这些代谢产物，可用来区别和鉴定细菌的种类。利用生物化学方法来鉴别不同细菌，称为细菌的生物化学试验或生化反应。细菌的生理生化反应

试验就是利用不同种类的细菌在对营养物质的利用、代谢产物的种类、代谢类型等方面表现出的差异，作为细菌分类鉴定的重要依据。

二、生理生化试验的基本方法

微生物的生理生化反应是指用化学反应来测定微生物的代谢产物，生化反应常用来鉴别一些在形态和其他方面不易区别的微生物。因此，微生物生化反应是微生物分类鉴定中的重要依据之一，微生物检验中常用的生化反应包括糖醇类代谢试验、氨基酸和蛋白质代谢试验、有机酸盐和铵盐的利用试验、呼吸酶类试验、毒性酶类试验等。

第二节　糖醇类代谢试验

一、糖醇类发酵试验

1. 原理

不同种类细菌含有发酵不同糖（醇、苷）类的酶，因而对各种糖（醇、苷）类的代谢能力也有所不同，即使能分解某种糖（醇、苷）类，其代谢产物也会因菌种不同而不同。检查细菌对培养基中所含糖（醇、苷）降解后产酸或产酸产气的能力，可用以鉴定细菌种类。

2. 方法

在基础培养基中（如酚红肉汤基础培养基 pH7.4）加入 0.5%～1.0%（质量百分数）的特定糖（醇、苷）类。所使用的糖（醇、苷）类有很多种，根据不同需要可选择单糖、多糖或低聚糖、多元醇和环醇等，见表 3-1。将待鉴定的纯培养细菌接种入试验培养基中，置 35℃培养箱中培养数小时到两周（视方法及菌种而定）后，观察结果。若用微量发酵管，或要求培养时间较长时，应注意保持其周围的湿度，以免培养基干燥。

表 3-1　糖醇类发酵试验中不同的糖（醇、苷）类

单糖	四碳糖：赤藓糖；五碳糖：核糖、核酮糖、木糖、阿拉伯糖；六碳糖：葡萄糖、果糖、半乳糖、甘露糖
双糖	蔗糖（葡萄糖＋果糖）；乳糖（葡萄糖＋半乳糖）；麦芽糖（两分子葡萄糖）
三糖	棉子糖（葡萄糖＋果糖＋半乳糖）
多糖	菊糖（多分子果糖）；淀粉
醇类	侧金盏花醇；卫茅醇；甘露醇；山梨醇
非糖类	肌醇

3. 结果

能分解糖（醇、苷）产酸的细菌，培养基中的指示剂呈酸性反应（如酚红变为黄色），产气的细菌可在小倒管（Durham 小管）中产生气泡，固体培养基则产生裂隙。不分解糖则无变化。

4. 应用

糖（醇、苷）类发酵试验是鉴定细菌的生化反应试验中最主要的试验，不同细菌可发酵不同的糖（醇、苷）类，如沙门氏菌可发酵葡萄糖，但不能发酵乳糖，大肠埃希氏菌则可发酵葡萄糖和乳糖。即便是两种细菌均可发酵同一种糖类，其发酵结果也不尽相同，如志贺氏菌和大肠埃希氏菌均可发酵葡萄糖，但前者仅产酸，而后者则产酸、产气，故可利用此试验鉴别此类细菌。

二、葡萄糖氧化发酵（O/F）试验

1. 原理

细菌在生长繁殖的过程中，对葡萄糖的分解能力不同，可以分为氧化型、发酵型和产碱型。其中分解过程必须有分子氧参加的，称为氧化型；能进行无氧降解的为发酵型；不分解葡萄糖的细菌为产碱型。发酵型细菌无论在有氧或无氧环境中都能分解葡萄糖，而氧化型细菌在无氧环境中则不能分解葡萄糖。该试验又称氧化发酵（O/F 或 Hugh — Leifson，HL）试验，可用于区别细菌的代谢类型。

2. 方法

挑取少许细菌的纯培养物（不要从选择性平板中挑取）接种到两支 HL 培养管中，在其中一管加入高度至少为 0.5cm 的无菌液体石蜡以隔绝空气（作为密封管），另一管不加（作为开放对照管）。置 35℃培养箱中培养 48h 以上。

3. 结果

两管培养基均不产酸（颜色不变）为阴性；两管都产酸（变黄）为发酵型；加液体石蜡管不产酸、不加液体石蜡管产酸为氧化型。

4. 应用

主要用于肠杆菌科与其他非发酵菌的鉴别。肠杆菌科、弧菌科细菌为发酵型，非发酵菌为氧化型或产碱型。也可用于鉴别葡萄球菌（发酵型）与微球菌（氧化型）。

三、V-P 试验

1. 原理

该试验主要测定细菌在生长代谢中产生乙酰甲基甲醇的能力。某些细菌（如产气肠杆菌）能分解葡萄糖产生丙酮酸，并进一步将丙酮酸脱羧成为乙酰甲基甲醇，后面在碱性环境下被空气中的氧气氧化成为二乙酰，进而与培养基中的精氨酸等所含的胍基结合，形成红色的化合物，即 V-P 试验阳性。

2. 方法

将待检菌接种于葡萄糖磷酸盐蛋白胨水中，35℃孵育 24h～48h，加入 50g/L α- 萘酚（95% 乙醇溶液）0.6mL，轻轻振摇试管，然后加 0.2mL 400g/L KOH，轻轻振摇试管 30s～1min，然后静置观察结果。

3. 结果

红色者为阳性，黄色或类似铜色为阴性。

4. 应用

主要用于大肠埃希氏菌和产气肠杆菌的鉴别。本试验常与 MR（甲基红）试验一起使用，一般情况下，前者为阳性的细菌，后者常为阴性，反之亦然。但肠杆菌科细菌不一定都如这样的规律，如蜂房哈夫尼亚菌和奇异变形杆菌的 V-P 试验和 MR 试验常同为阳性。

四、甲基红（MR）试验

1. 原理

甲基红试验是根据肠杆菌科各菌属都能发酵葡萄糖，在分解葡萄糖过程中产生丙酮酸，进一步分解中，由于糖代谢的途径不同，可产生乳酸、琥珀酸、醋酸和甲酸等大量酸性产物，可使培养基 pH 下降至 pH4.5 以下，使甲基红指示剂变红。如细菌分解葡萄糖产酸量少，或产生的酸进一步转化为其他物质（如醇、醛、酮、气体和水），培养基 pH 在 5.4 以上，加入甲基红指示剂呈橘黄色。

2. 方法

将待试菌接种于葡萄糖磷酸盐蛋白胨水中，35℃孵育 48h～96h，于 5mL 培养基中滴加 5 滴～6 滴甲基红指示剂，立即观察结果。

3. 结果判定

呈现红色者为阳性，橘黄色为阴性，橘红色为弱阳性。

4. 应用

常用于肠杆菌科内某些种属的鉴别，如大肠埃希氏菌和产气肠杆菌，前者为阳性，后者为阴性。肠杆菌属和哈夫尼亚菌属为阴性，而沙门氏菌属、志贺氏菌属、枸橼酸杆菌属和变形杆菌属等为阳性。

五、β- 半乳糖苷酶试验（ONPG 试验）

1. 原理

细菌生长代谢过程中，乳糖发酵过程需要乳糖通透酶和 β- 半乳糖苷酶才能快速对乳糖进行分解。而有些细菌只有半乳糖苷酶，因而只能迟缓发酵乳糖，所有乳糖快速发酵和迟缓发酵的细菌均可快速水解邻硝基酚 -β-D- 半乳糖苷（ONPG）而生成黄色的邻硝基酚。

2. 方法

将待试菌接种于 ONPG 肉汤中，35℃水浴或培养箱培养 18h～24h，观察结果。

3. 结果

呈现亮黄色为阳性，无色为阴性。

4. 应用

可用于迟缓发酵乳糖细菌的快速鉴定，本法对于迅速及迟缓分解乳糖的细菌均可短时间内呈现阳性。埃希氏菌属、枸橼酸杆菌属、克雷伯菌属、哈夫尼亚菌属、沙雷菌属和肠杆菌属等均为试验阳性，而沙门氏菌属、变形杆菌属和普罗威登斯菌属等为阴性。

六、七叶苷水解试验

1. 原理

在 10%～40% 胆汁存在下，测定细菌水解七叶苷的能力。七叶苷被细菌分解生成七叶素，七叶素与培养基中的枸橼酸铁的二价铁离子发生反应形成黑色化合物。

2. 方法

将被检菌接种于胆汁七叶苷培养基中，35℃培养箱培养 18h～24h，观察结果。

3. 结果

培养基完全变黑为阳性，不变黑为阴性。

4. 应用

主要用于鉴别 D 群链球菌与其他链球菌的区别，以及肠杆菌科的某些种、某些厌氧菌（如脆弱拟杆菌等）的初步鉴别。D 群链球菌本试验为阳性。

七、甘油复红试验

1. 原理

甘油可被细菌分解生成丙酮酸，丙酮酸脱去羧基为乙醛，乙醛与无色的复红生成醌式化合物，呈深紫红色。

2. 方法

取被检菌接种于甘油复红肉汤培养基中，于 35℃孵育，观察 2d～8d。应同时做阴性对照。

3. 结果

紫红色为阳性，与对照管颜色相同为阴性。

4. 应用

主要用于沙门氏菌属内各菌种间的鉴别。伤寒沙门菌、甲（丙）型副伤寒沙门菌、猪霍乱沙门菌、孔道夫沙门菌和仙台沙门菌本试验为阴性，乙型副伤寒沙门菌结果不定，其他不常见沙门菌多数为阳性。

第三节　氨基酸和蛋白质代谢试验

一、明胶液化试验

1. 原理

明胶是胶原蛋白经适度降解变性而得到的产物，有些细菌具有明胶酶（又称类蛋白水解酶），能将明胶先水解为多肽，又进一步将多肽水解为氨基酸，明胶失去凝胶性质，从而失去凝固力，半固体的明胶培养基成为流动的液体。

2. 方法

挑取培养 18h～24h 的待试菌，以较大量穿刺接种于明胶培养基约 2/3 深度。于 20℃～22℃培养 7d～14d。明胶培养基也可用 36℃ ±1℃培养。另取一支未接种的培养基一同培养作对照，每天取出两支试管，放入冰箱放置 20min～30min，再观察结果。

3. 结果

明胶液化，为阳性；明胶凝固，为阴性。

4. 应用

肠杆菌科细菌的鉴别，如沙门氏菌、普通变形杆菌、奇异变形杆菌、阴沟形杆菌等可液化明胶，而其他细菌很少液化明胶。有些厌氧菌（如产气荚膜菌、脆弱拟杆菌）等也能液化明胶。另外多数假单胞菌也能液化明胶。

二、吲哚（靛基质）试验

1. 原理

某些细菌具有色氨酸酶，能分解蛋白胨水中的色氨酸生成吲哚（靛基质），吲哚与

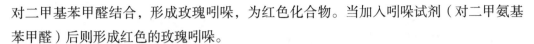

对二甲基苯甲醛结合，形成玫瑰吲哚，为红色化合物。当加入吲哚试剂（对二甲氨基苯甲醛）后则形成红色的玫瑰吲哚。

2. 方法

将待检菌少量接种于培养基中，于36℃±1℃培养24h～48h后，加入柯凡克试剂数滴，轻摇试管，观察颜色。或沿试管壁缓慢加入欧－波试剂约0.5mL覆盖液面，观察液面颜色。

3. 结果

柯凡克试剂呈红色者为阳性，欧－波试剂两液接触处呈现玫瑰红色者为阳性，无红色者为阴性。

4. 应用

主要用于肠杆菌科细菌、非发酵菌和厌氧菌的鉴定。

三、硫化氢试验

1. 原理

某些细菌可分解培养基中的含硫氨基酸或含硫化合物，产生硫化氢，硫化氢遇铅盐或铁盐可生成黑色沉淀物 PbS 或 FeS，以此鉴别细菌。

2. 方法

挑取待检菌，用穿刺接种法接种于三糖铁培养基上，于36℃±1℃培养24h～48h，观察结果。

3. 结果

培养基底部呈黑色，为阳性；培养基底部无黑色，为阴性。

4. 应用

用于肠道杆菌鉴定试验，如沙门氏菌属、爱德华菌属、枸橼酸杆菌属及变形杆菌等为阳性；肠道杆菌中其他菌属为阴性，沙门氏菌属中的甲型副伤寒沙门菌也为阴性。

四、尿素分解试验

1. 原理

某些细菌能产生尿素酶，将尿素分解产生氨，氨使培养基变为碱性，使培养基中的酚红指示剂呈粉红色，培养基由黄色变为红色，为阳性，以此鉴别细菌。

2. 方法

挑取大量培养18h～24h的待试菌，浓密涂布接种于尿素琼脂斜面，不要到达底部，留底部作变色对照。培养2h、4h和24h分别观察一次结果，培养基变为粉红色为阳性，颜色不变者为阴性。如阴性应继续培养至4d，作最终判定。

3. 结果

培养基变为粉红色，为阳性，培养基颜色不变，为阴性。

4. 应用

主要用于肠杆菌科中变形杆菌属的鉴定。奇异变形杆菌和普通变形杆菌尿素酶阳性，雷氏普罗威登斯菌和摩氏摩根菌阳性，斯氏和产碱普罗威登斯菌阴性。

五、苯丙氨酸脱氨酶试验

1. 原理

某些细菌可产生苯丙氨酸脱氨酶，使苯丙氨酸脱去氨基，形成苯丙酮酸，苯丙酮酸与氯化铁作用生成绿色化合物，以此鉴别细菌。

2. 方法

从待检菌琼脂斜面上挑取大量培养物，接种于苯丙氨酸培养基上，在 36℃ ±1℃ 培养箱中培养 18h～24h 后，加入氯化铁溶液 4 滴～5 滴，转动试管，使试剂与菌苔表面充分接触，立即观察结果。

3. 结果

试验管立即出现绿色为阳性，无色为阴性。

4. 应用

本试验特异性较高，主要用于肠杆菌科细菌鉴定。变形杆菌属、摩根菌属和普罗威登菌属细菌均为强阳性，肠杆菌科中其他细菌均为阴性。

六、氨基酸脱羧酶试验

1. 原理

变形杆菌科细菌能使多种氨基酸氧化脱氨基生成 α- 酮酸，加入三氯化铁试剂后可呈现不同的颜色反应。如异亮氨酸、正亮氨酸和缬氨酸氧化脱氨后为橙色反应，甲硫氨酸氧化脱氨后为紫色反应，亮氨酸氧化脱氨后为灰紫色反应，组氨酸氧化脱氨后为绿色反应，苯丙氨酸氧化脱氨后生成丙酮酸为深绿色反应，色氨酸氧化脱氨后生成吲哚 -3- 丙酮酸为深褐色反应并久不褪色。

2. 方法

取待检菌，分别接种于含有氨基酸的培养基内和不含氨基酸的对照培养基内，在 36℃ ±1℃ 培养箱中培养 1d～4d，每天观察结果。

3. 结果

苯丙氨酸出现绿色为阳性，应立即观察结果，延长反应时间会引起褪色。色氨酸出现深褐色为阳性反应。

4. 应用

沙门氏菌属中除伤寒和鸡沙门氏菌外其余沙门氏菌的鸟氨酸和赖氨酸脱羧酶试剂均为阳性。志贺氏菌除宋内氏和鲍氏志贺菌外其他志贺氏菌均为阳性。故可作为肠杆菌科细菌鉴定的重要方法。此外，对链球菌和弧菌科细菌的鉴定也有重要价值。

第四节　有机酸盐和铵盐的利用试验

一、枸橼酸盐利用试验

1. 原理

某些细菌能利用柠檬酸盐作为唯一碳源，分解枸橼（柠檬）酸盐生成碳酸盐；同时分解培养基的铵盐生成氨，使培养基变为碱性，使指示剂溴麝香草酚蓝由淡绿色转为深蓝色，以此来鉴别细菌。

2. 方法

挑取待检菌，在西蒙枸橼酸盐培养基斜面上密集划线接种，在 $36℃±1℃$ 培养箱中培养 1d～4d，每天观察结果。

3. 结果

斜面有菌苔生长，培养基斜面变为蓝色或深蓝色，为阳性，无菌苔生长，培养基斜面仍为绿色者，为阴性。

4. 应用

枸橼酸盐利用试验用于肠杆菌科中各菌属间的鉴别，在肠杆菌科中，埃希氏菌属、志贺氏菌属、爱德华菌属等为阴性，其他菌属为阳性。

二、丙二酸利用试验

1. 原理

某些细菌可以利用培养基中的丙二酸盐作为唯一碳源，丙二酸盐被分解成碳酸钠，使培养基变为碱性培养基，由草绿色变成蓝色，为阳性，以此鉴别细菌。

2. 方法

取待检菌新鲜纯培养物，接种于丙二酸钠培养基上，于 $36℃±1℃$ 培养箱中培养 48h，观察结果。

3. 结果

培养基由草绿色变成蓝色，为阳性；培养基无颜色变化，为阴性。

4. 应用

常用于肠杆菌科细菌鉴定，亚利桑那和克雷伯菌属为阳性，枸橼酸杆菌属、肠杆菌属和哈夫尼亚菌属中有些菌种也呈阳性反应，其他各属均为阴性。

第五节　呼吸酶类试验

一、氧化酶试验

1. 原理

氧化酶使细胞色素 C 氧化后，氧化型细胞色素 C 再使盐酸二甲基对苯二胺氧化，使生成玫瑰红色到暗紫色的醌类化合物，再和 α- 萘酚结合，生成吲哚酚蓝，呈蓝色反应，以此鉴别细菌。

2. 方法

用滴管直接滴加 1% 盐酸二甲基对苯二胺试剂 1 滴～2 滴至培养物上，再加入 1% α- 萘酚－乙醇溶液 1 滴～2 滴，在 30s 内判定试验结果。

3. 结果

30s 内呈蓝色反应，为阳性；不变色或为红色者，为阴性。

4. 应用

奈瑟菌属的菌种均呈阳性反应。也用于区别假单胞菌与肠杆菌，肠杆菌科细菌为阴性，假单胞菌为阳性。莫拉菌属也为阳性。本试验中避免接触含铁物质，否则易出现假阳性，选铜绿假单胞菌为阳性对照，大肠埃希氏菌为阴性对照。

二、过氧化氢酶试验

1. 原理

某些细菌可分泌过氧化氢酶，加入过氧化氢后，可将过氧化氢分解生成水和氧气，产生气泡，以此鉴别细菌。

2. 方法

挑取固体培养基上的新鲜菌落环，置于洁净玻片上（或试管），滴加 3% 过氧化氢液数滴，或在琼脂斜面培养物上直接滴加过氧化氢液，立即观察结果。

3. 结果

产生气泡者，为阳性；不产生气泡者，为阴性。

4. 应用

绝大多数细菌均能产生过氧化氢酶，但链球菌属触酶阴性，故常用此试验来鉴别链球菌。应注意本试验不宜用血琼脂平板上的菌落（易出现假阳性）。由于陈旧培养物可失去酶活性，所以试验应取新鲜培养菌。用金黄色葡萄球菌作阳性对照，用链球菌作阴性对照。

三、硝酸盐还原试验

1. 原理

某些细菌具有还原硝酸盐的能力，可将硝酸盐还原为亚硝酸盐，在酸性条件下，亚硝酸盐可生成亚硝酸，亚硝酸与对氨基苯磺酸作用，生成重氮苯磺酸，重氮苯磺酸再与 α- 萘胺作用，生成红色的化合物。硝酸盐还原试验包括两个过程：一是在合成代谢过程中，硝酸盐还原为亚硝酸盐和氨，再由氨转化为氨基酸和细胞内其他含氮化合物；二是在分解代谢过程中，硝酸盐或亚硝酸盐代替氧作为呼吸酶系统中的终末受氢体。硝酸盐还原的过程可因细菌不同而异，大肠埃希氏菌等仅使硝酸盐还原为亚硝酸盐；假单胞菌等能使硝酸盐或亚硝酸盐还原为氮；有的细菌则可使其还原为亚硝酸盐和离子态的铵。硝酸盐或亚硝酸盐如果还原生成气体的终末产物（如氮或氧化氮），就称为脱硝化或脱氮化作用。硝酸盐还原试验测定的是还原过程中所产生的亚硝酸。

2. 方法

接种硝酸盐培养基后于 35℃ 培养箱中培养 1d～4d，将硝酸盐还原试剂甲液和乙液的等量混合液（用时混合）0.1mL 加于试管内，立即或 10min 内观察结果。

3. 结果

呈现红色，为阳性；若无红色出现，为阴性。

4. 应用

本试验广泛用于细菌鉴定。肠杆菌科细菌均能将硝酸盐还原为亚硝酸盐；假单胞菌属中有的细菌能产生氮气，如铜绿假单胞菌、嗜麦芽窄食单胞菌、斯氏假单胞菌，有的则能将硝酸盐还原为亚硝酸盐，如鼻疽假单胞菌等；厌氧菌（如韦荣菌）也能将硝酸盐还原为亚硝酸盐。

第六节　毒性酶类试验

一、溶血试验

1.原理

某些细菌在代谢过程中能产生溶血素，可使人或动物的红细胞发生溶解，不同的细菌有不同的溶血素（见表3-2），具有不同的溶血反应，借此可鉴别细菌。

表3-2　不同细菌的溶血素

细菌类型	溶血素类型	细菌类型	溶血素类型
产气荚膜梭菌	卵磷脂酶	肺炎球菌	肺炎溶素
溶血性链球菌	链球菌溶血素 O/S	葡萄球菌	α、β、γ、δ、ε溶血素
破伤风杆菌	破伤风溶素	李斯特菌	溶血素 O

2.方法

（1）平板法：将培养物接种于血平板培养基上，36℃±1℃培养箱中培养24h～48h，观察结果。溶血试验的溶血类型及现象：

①α（甲型）溶血：菌落周围出现较窄的半透明的草绿色溶血环。

②β（乙型）溶血：菌落周围出现较宽的透明溶血环。

③γ（丙型）溶血：菌落周围无溶血环。

（2）试管法：将待检菌培养液与等量的2%羊血球混合，在36℃±1℃培养箱中培养16h～18h，观察结果。如溶血，培养液可出现透明状。

3.结果

有溶血现象，为阳性；无溶血现象，为阴性。

4.应用

常用于链球菌、弧菌、白喉杆菌等细菌的区分鉴定。

二、链激酶试验

1.原理

A群链球菌群能产生链激酶，该酶能使血液中的纤维蛋白酶原变成纤维蛋白酶，而后溶解纤维蛋白，使血凝块溶解，以此鉴别细菌。

2. 方法

吸取草酸钾血浆 0.2mL（0.01g 草酸钾加 5mL 兔血浆混匀，经离心沉淀，吸取上清液），加入 0.8mL 生理盐水，混匀后，再加入待检菌（36℃下培养 18h～24h 肉汤培养物）0.5mL 和 0.25% 氯化钙 0.25mL，混匀放于 37℃水浴中，2min 观察一次。待血浆凝固后继续观察并记录溶化时间。如 2h 内不溶化，继续放置 24h 后观察。同时用肉浸液肉汤做阴性对照，用已知的链激酶阳性的菌株做阳性对照。

3. 结果

如凝块全部溶化，为阳性；凝块 24h 仍不溶化，为阴性。

4. 应用

此试验用于测定链球菌的致病性，阳性反应证明该链球菌具有致病性。

三、卵磷脂酶试验

1. 原理

某些微生物能产生卵磷脂酶，在钙离子存在时能迅速分解卵磷脂，生成不溶性甘油酯和水溶性磷酸胆碱，在卵黄琼脂平板上菌落周围形成不透明的乳浊环或浑浊白环，或使血清、卵黄液变浑浊，以此鉴别细菌。

2. 方法

（1）卵黄平板法

①A 法：将待检菌培养物划线接种或点种于卵黄琼脂平板上，36℃±1℃培养箱中培养 3h～6h，观察结果。

②B 法：先用卵黄磷脂酶抗血清将平板涂一半，置于 36℃培养箱中，等血清干后，将待检菌接种于未涂抗血清的另一半卵黄琼脂平板上，再转划至已涂过抗血清的一半，36℃±1℃厌氧培养箱中培养 24h～48h，观察结果。在未涂抗血清的一半平板上，菌落周围形成较大的不透明乳白色浑浊区，在涂抗血清的一半平板上，菌落周围无不透明浑浊区，为阳性。两边均无不透明区，为阴性。乳糖卵黄琼脂平板，借以确定该菌可否产生卵磷脂酶。卵磷脂酶具抗原性，其活性可被相应抗血清所抑制。

（2）卵黄盐水法

将庖肉培养基培养物经除菌过滤，收集滤液。在两支灭菌试管内，每管加入 1% 卵黄盐水 0.4mL，在一管中加入滤液 0.2mL，另一管中加入生理盐水 0.2mL 作对照。在 36℃水浴中，经 2h、4h、8h、24h 观察结果。管底发生浑浊沉淀，对照管无沉淀者，为阳性。

3. 结果

（1）卵黄平板法：菌落周围形成较大的不透明区，为阳性。两边均无不透明区，为阴性。

（2）卵黄盐水法：管底发生浑浊沉淀，对照管无沉淀者为阳性，两管无沉淀者，为阴性。

4. 应用

主要用于厌氧菌的鉴定。产气荚膜梭菌、诺维梭菌产生此酶，其他梭菌为阴性。

四、血浆凝固酶试验

1. 原理

致病性葡萄球菌能产生血浆凝固酶，可使血浆中的纤维蛋白原转变成纤维蛋白，附着在细菌的表面，形成凝块；或作用于血浆凝固酶原，使其成为血浆凝固酶，从而使抗凝的血浆发生凝固现象，以此鉴别细菌。

2. 方法

（1）玻片法

取清洁干燥载玻片，一端滴加一滴生理盐水，另一端滴加一滴兔（人）血浆，挑取菌落分别与生理盐水和血浆混合，5min内，如血浆内出现团块或颗粒状凝块，而盐水滴仍呈均匀浑浊，则为阳性；如两者呈均匀浑浊，无凝固则为阴性。

（2）试管法

取灭菌小试管3支，各加入血浆、无菌水（1∶1）0.5mL，1支加入被检菌株的肉汤培养液（或浓菌悬液）0.5mL；其余2支作对照管，1支加入金黄色葡萄球菌的营养肉汤培养液或菌悬液0.5mL作阳性对照；另1支加入营养肉汤或0.9%氯化钠溶液0.5mL作空白对照。将3管同时放37℃培养箱或水浴中培养，每0.5h观察一次，4h内无凝固现象者，观察直至24h。

3. 试管法的结果

空白对照管的血浆流动自如，阳性对照管血浆凝固，试验管血浆凝固者为阳性；均无凝固则为阴性。

4. 应用

鉴定细菌致病性的试验。一般认为产生血浆凝固酶的葡萄球菌是致病性葡萄球菌。

复习思考题

（一）判断题

1. MR 试验时，甲基红指示剂呈红色，可判断为阴性反应；呈黄色，则可判断为阳性反应。　　　　　　　　　　　　　　　　　　　　　　　　　　　　　（　　）

2. V-P 试验呈阳性反应的指示颜色是红色。　　　　　　　　　　　　　（　　）

（二）选择题

1. V-P 试验阳性结果为（　　）。

A. 黑色　　　　　　　B. 红色　　　　　　　C. 黄色　　　　　　　D. 绿色

2. 吲哚试验阳性的细菌是因为其能分解（　　）。

A. 葡萄糖　　　　　　　　　　　　　B. 靛基质（吲哚）

C. 色氨酸　　　　　　　　　　　　　D. 枸橼酸盐

3. 糖分解代谢试验不包括（　　）。

A. CAMP 试验　　　　　　　　　　　B. O/F 试验

C. V-P 试验　　　　　　　　　　　　D. 甲基红试验

4.（多选）做细菌生化试验应注意的事项说法不正确的是（　　）。

A. 待检菌可以不是纯种培养物

B. 待检菌应是新鲜培养物

C. 对观察反应的时间没有要求

D. 挑取 1 个待检可疑菌落进行试验就可以

E. 以上均不对

（三）简答题

1. 食品进行细菌的生理生化试验有何意义？

2. 典型的细菌生理生化试验主要包括哪些内容？

第四章　沙门氏菌检验

知识目标

1. 了解食品的质量与沙门氏菌检验的意义。

2. 掌握沙门氏菌的生物学特性。

3. 掌握国家标准（GB 4789.4—2024）中沙门氏菌的检测方法及操作步骤。

能力目标

1. 掌握沙门氏菌检验的生化试验的操作方法和结果的判断。

2. 掌握沙门氏菌属血清学试验方法。

3. 能熟练操作食品中沙门氏菌的检测。

4. 能正确填写检验记录表，规范填写检测报告。

第一节　生物学特性

一、形态与染色

沙门氏菌属（*Salmonella*）是一大群寄生于人类和动物肠道内生化反应和抗原构造相似的革兰氏阴性杆菌，统称为沙门氏菌。沙门氏菌形态大小主要为（0.6μm～1.0μm）×（2μm～3μm），无芽孢，一般有鞭毛，无荚膜，多数有菌毛，革兰氏阴性，杆菌。

1880 年，Eberth 首先发现伤寒杆菌，1885 年，Salmon 分离到猪霍乱杆菌，由于 Salmon 发现本属细菌的时间较早、在研究中的贡献较大，遂定名为沙门氏菌属。现有 67 种 O 抗原和 2000 个以上血清型，所致疾病称沙门氏菌病。根据其对宿主的致病性，可分为三类：①对人致病；②对人和动物均致病；③对动物致病。

与人类关系密切的沙门氏菌如下：伤寒沙门氏菌（*S.typhi*），甲、乙、丙型副伤寒沙门氏菌（*S.paratyphi A*、*B*、*C*），鼠伤寒沙门氏菌（*S.typhimurium*），猪霍乱沙门氏菌（*S.choleraesuis*），肠炎沙门氏菌（*S.enteritidis*）等十余种。一般可简称伤寒杆菌，甲、乙、丙型副伤寒杆菌，鼠伤寒杆菌，猪霍乱杆菌，肠炎杆菌。

二、培养特性

（1）需氧及兼性厌氧菌。

（2）在普通琼脂培养基上生长良好，培养24h后，形成中等大小、圆形、表面光滑、无色半透明、边缘整齐的菌落，其菌落特征亦与大肠杆菌相似（无粪臭味）。

（3）鉴别培养基［麦康凯、SS（沙门氏菌和志贺氏菌选择培养基）、伊红美蓝］：一般为无色菌落。

（4）三糖铁琼脂斜面：斜面为红色，底部变黑并产气。

三、生化特性

（1）发酵葡萄糖、麦芽糖、甘露醇和山梨醇产气。

（2）不发酵乳糖、蔗糖和侧金盏花醇。

（3）不产吲哚，V-P反应阴性。

（4）不水解尿素和对苯丙氨酸不脱氨。

伤寒沙门氏菌、鸡伤寒沙门氏菌及一部分鸡白痢沙门氏菌发酵糖不产气，大多数鸡白痢沙门氏菌不发酵麦芽糖；除鸡白痢沙门氏菌、猪伤寒沙门氏菌、甲型副伤寒沙门氏菌、伤寒沙门氏菌和仙台沙门氏菌等外，均能利用枸橼酸盐。

四、血清学特性

沙门氏菌具有复杂的抗原结构，一般沙门氏菌具有菌体（O）抗原、鞭毛（H）抗原和表面抗原（功能与大肠杆菌的K抗原相似，一般认为与毒力有关，故称Vi抗原）三种抗原。

1. O 抗原

为脂多糖，性质稳定。能耐100℃达数小时，不被乙醇或0.1%石炭酸破坏。决定O型原特异性的是脂多糖中的多糖侧链部分，以1、2、3等阿拉伯数字表示。例如，乙型副伤寒杆菌有4、5、12三个，鼠伤寒杆菌有1、4、5、12四个，猪霍乱杆菌有6、7两个。其中有些O抗原是几种菌所共有，如4、5为乙型副伤寒杆菌和鼠伤寒杆菌共有，将具有共同O抗原沙门氏菌归为一组，这样可将沙门氏菌属分为A～Z、O51～O63、O65～O67共42组。我国已发现26个菌组、161个血清型。使人类致病的沙门氏菌大多属于A～E组。O抗原刺激机体主要产生IgM抗体。

2. H 抗原

为蛋白质，对热不稳定，60℃经15min或乙醇处理被破坏。具有鞭毛的细菌经甲醇液固定后，其O抗原全部被H抗原遮盖，而不能与相应抗O抗体反应。H抗原的特异性取决于多肽链上氨基酸的排列顺序和空间构型。

沙门氏菌的 H 抗原有两种，称为第 1 相和第 2 相。第 1 相特异性高，又称特异相，用 a、b、c 等表示；第 2 相特异性低，为数种沙门氏菌所共有，又称非特异相，用 1、2、3 等表示。具有第 1 相和第 2 相 H 抗原的细菌称为双相菌，仅有一相者称为单相菌。每一组沙门氏菌根据 H 抗原的不同，可进一步分种或分型。H 抗原刺激机体主要产生 IgG 抗体。

3. Vi 抗原

因与毒力有关而命名为 Vi 抗原。由聚 -N- 乙酰 -D- 半乳糖胺糖醛酸组成。不稳定，经 60℃加热、石碳酸处理或人工传代培养易破坏或丢失。新从患者标本中分离出的伤寒杆菌、丙型副伤寒杆菌等有此抗原。Vi 抗原存在于细菌表面，可阻止 O 抗原与其相应抗体的反应。Vi 抗原的抗原性弱。当体内菌存在时可产生一定量的抗体；细菌被清除后，抗体也随之消失。故测定 Vi 抗体有助于对伤寒带菌者的检出。

五、变异性

1. H-O 变异

有动力的 H 型菌株失去鞭毛成为无动力的 O 型菌体。

2. S-R 变异

S 型菌落在培养基上多次移种后，逐渐失去 O 抗原变为 R 型菌落，细菌的毒力也随之消失。

3. V-W 变异

有 Vi 抗原的菌株（V 型）失去 Vi 抗原（W 型），即细菌与抗 O 血清凝集而不再与抗 Vi 血清凝集，称为 V-W 变异。

4. 位相变异

将具有第 1 相和第 2 相 H 抗原的沙门氏菌接种于琼脂平板上，所得单个菌落，有些是第 1 相，有些是第 2 相。如任意挑选一个菌落（第 1 相或第 2 相），在培养基上多次移种后，其后代又出现部分是第 1 相、部分是第 2 相的不同菌落。

六、抵抗力

沙门氏菌对热抵抗力不强，60℃下 1h 或 65℃下 15min～20min 可被杀死。在水中能存活 2 周～3 周，粪便中可以存活 1 个～2 个月，可在冰冻土壤中过冬。胆盐、煌绿等对于细菌的抑制作用相较其他肠道杆菌小，故可用其制备肠道杆菌选择性培养基，利于分离粪便中的沙门氏菌。

沙门氏菌为嗜温性细菌，在中等温度、中性 pH、低盐和高水活度条件下生长最佳。生长最低水活度为 0.94。兼性厌氧，对中等加热敏感。该菌能适应酸性环境，通过蒸煮、巴氏消毒等方式控制。正常家庭烹调、注重个人卫生可以防止煮熟食品的二次污染，控制贮存时间和温度可有效防止沙门氏菌污染的发生。

七、流行病学和致病性

1. 流行病学

沙门氏菌感染主要通过粪－口途径传播，也可经被污染的肉类、禽蛋类等食物或水传播给人；医院内可因被污染的被服、医疗用具、工作人员的手、玩具、公用的水管、门把手等造成院内交叉感染，严重时甚至造成病房内暴发流行。任何年龄均可患病。

（1）传染源沙门氏菌主要以动物为宿主，家禽（如鸡、鸭、鹅）、家畜（如猪、牛、羊、马等）、野生动物（如鼠类、兽类）均可带菌，感染动物的肉、血、内脏可含有大量沙门氏菌，也存在于蛋类（鸡蛋、鸭蛋等）和其他食物（腌肉、腊肉、火腿、香肠）中。因此，本病的主要传染源是家畜、家畜及鼠类。病人及无症状带菌者亦可作为传染源。

（2）传播途径如下：

①食物传播为引起人类沙门氏菌感染的主要途径。沙门氏菌在食物内可以大量繁殖，因此进食被病菌污染而未煮透的食品（如肉类、内脏、蛋类等）即可引起感染；牛奶、羊奶也可被沙门氏菌污染，故食用未消毒的牛奶、羊奶亦可感染。

②水源传播。沙门氏菌通过动物和人的粪便污染水源，饮用此种污水可发生感染。供水系统被污染，亦可引起疾病流行。

③直接接触或通过污染用具传播。沙门氏菌可因与病人直接接触或通过污染用具传播。此种传播方式可见于医院中，以婴儿室、儿科病房较为常见。感染可通过医务人员的手带菌或污染的医疗用具传播，也可以由老鼠、蟑螂等通过偷吃食品污染环境造成感染。

（3）易感人群对沙门氏菌普遍易感，感染后结果与菌种毒力及宿主免疫状态有关。一般幼儿和老年以及慢性疾病患者，感染严重，尤其1岁以内婴幼儿由于免疫功能尚未成熟，所以易于感染。而老年人和慢性消耗性疾病患者（如系统性红斑狼疮、白血病、淋巴瘤、肝硬化等）发病率高，症状严重。

（4）流行特征。本病呈全球性分布，近年来发病率明显上升，加之沙门氏菌特别是鼠伤寒杆菌，可通过质粒介导而对多种抗生素耐药，已成为流行病学中一个值得重视的问题。本病全年均可发病，但多发生于夏秋季，有起病急、潜伏期短、集体发病等流行特征。病后免疫力不强，可反复感染。

2. 致病性

（1）肠热症

伤寒病和副伤寒病的总称，主要由伤寒杆菌和甲、乙、丙型副伤寒杆菌引起。典型伤寒病的病程较长。细菌到达小肠后，穿过肠黏膜上皮细胞侵入肠壁淋巴组织，经淋巴管至肠系膜淋巴结及其他淋巴组织并在其中繁殖，经胸导管进入血流，引起第一次菌血症。此时相当于病程的第1周，称前驱期。病人有发热、全身不适、乏力等。细菌随血流至骨髓、肝、脾、肾、胆囊、皮肤等并在其中繁殖，被脏器中吞噬细胞吞噬的细菌再次进入血流，引起第二次菌血症。此期症状明显，相当于病程的第2周～第3周，病人持续高热，肝脾肿大及出现全身中毒症状，部分病例皮肤出现玫瑰疹。存于胆囊中的细菌随胆汁排至肠道，一部分随粪便排出体外。部分菌可再次侵入肠壁淋巴组织，出现超敏反应，引起局部坏死和溃疡，严重者发生肠出血和肠穿孔。肾脏中的细菌可随尿排出。第4周进入恢复期，患者逐渐康复。

典型伤寒的病程为3周～4周。病愈后部分患者可自粪便或尿液继续排菌3周～3个月，称恢复期带菌者。约有3%的伤寒患者成为慢性带菌者。副伤寒病与伤寒病症状相似，但一般较轻，病程较短，1周～3周即愈。

（2）急性肠炎（食物中毒）

最常见的沙门氏杆菌感染。多由鼠伤寒杆菌、猪霍乱杆菌、肠炎杆菌等引起。系因食入未煮熟的病畜病禽的肉类、蛋类而发病。潜伏期短，一般4h～24h，主要症状为发热、恶心、呕吐、腹痛、腹泻。细菌通常不侵入血流，病程较短，一般2d～4d可完全恢复。

（3）败血症

常由猪霍乱杆菌、丙型副伤寒杆菌、鼠伤寒杆菌、肠炎杆菌等引起。病菌进入肠道后，迅速侵入血流，导致组织器官感染，如脑膜炎、骨髓炎、胆囊炎、肾盂肾炎、心内膜炎等，出现高热、寒战、厌食、贫血等。在发热期，血培养阳性率高。

第二节　检验原理

食品中沙门氏菌含量较少，且常由于食品加工过程使其受到损伤而处于濒死状态，所以对某些加工食品（一般生鲜蛋或肉类）必须经过前增菌处理，即无选择性的培养基使其恢复活力，再进行选择性增菌，使沙门氏菌增殖，其他大多数细菌受到抑制。

利用沙门氏菌的生化特征，借助于三糖铁、靛基质、尿素、氰化钾（KCN）、赖氨酸等试验可与肠道其他菌属相区分。通过菌种特殊的抗原结构（O抗原为主），可以把它们分辨出来。

第三节　试验材料

一、培养基与试剂

1. 缓冲蛋白胨水（BPW）：见附录 A 中 A.1。

2. 四硫磺酸钠煌绿（TTB）增菌液：见附录 A 中 A.2。

3. 亚硒酸盐胱氨酸（SC）增菌液：见附录 A 中 A.3。

4. 亚硫酸铋（BS）琼脂：见附录 A 中 A.4。

5. HE 琼脂：见附录 A 中 A.5。

6. 木糖赖氨酸脱氧胆盐（XLD）琼脂：见附录 A 中 A.6。

7. 沙门氏菌属显色培养基。

8. 三糖铁（TSI）琼脂：见附录 A 中 A.7。

9. 蛋白胨水、靛基质试剂：见附录 A 中 A.8。

10. 尿素琼脂（pH 7.2）：见附录 A 中 A.9。

11. 氰化钾（KCN）培养基：见附录 A 中 A.10。

12. 赖氨酸脱羧酶试验培养基：见附录 A 中 A.11。

13. 糖发酵管：见附录 A 中 A.12。

14. 邻硝基酚 -β-D 半乳糖苷（ONPG）培养基：见附录 A 中 A.13。

15. 半固体琼脂：见附录 A 中 A.14。

16. 丙二酸钠培养基：见附录 A 中 A.15。

17. 沙门氏菌 O、H 和 Vi 诊断血清。

18. 生化鉴定试剂盒。

二、器具及其他用品

除微生物实验室常规灭菌及培养设备外，其他设备和材料如下。

1. 冰箱：2℃～5℃。

2. 恒温培养箱：36℃ ±1℃，42℃ ±1℃。

3. 均质器。

4. 振荡器。

5. 电子天平：感量 0.1g。

6. 无菌锥形瓶：容量 500mL、250mL。

7. 无菌吸管：1mL（具 0.01mL 刻度）、10mL（具 0.1mL 刻度）或微量移液器及吸头。

8. 无菌培养皿：直径 60mm 和 90mm。

9. 无菌试管：3mm×50mm、10mm×75mm。

10. pH 计、pH 比色管或精密 pH 试纸。

11. 全自动微生物生化鉴定系统。

12. 无菌毛细管。

第四节　操作步骤

沙门氏菌主要检验程序：复活（前增菌）→培养（选择性增菌）→分离（平板划线分离培养）→鉴定（生化鉴定／血清鉴定）见图 4-1。

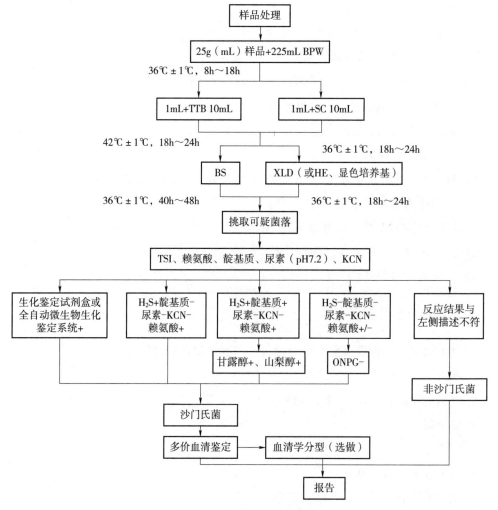

图 4-1　沙门氏菌检验程序

一、前增菌和选择性增菌

1. 前增菌

无菌操作称取 25g（mL）样品，置于盛有 225mL BPW 的无菌均质杯或合适容器内，以 8000r/min～10000r/min 均质 1min～2min，或置于盛有 225mL BPW 的无菌均质袋中，用拍击式均质器拍打 1min～2min。若样品为液态，不需要均质，振荡混匀。如需调整 pH，用 1mol/L 无菌 NaOH 或 HCl 调 pH 至 6.8±0.2。无菌操作将样品转至 500mL 锥形瓶或其他合适容器内（如均质杯本身具有无孔盖，可不转移样品），如使用均质袋，可直接进行培养，于 36℃±1℃ 培养 8h～18h。如为冷冻产品，应在 45℃以下不超过 15min，或 2℃～5℃不超过 18h 解冻。

2. 选择性增菌

轻轻摇动培养过的样品混合物，移取 1mL 转种于 10mL TTB 内，于 42℃±1℃ 培养 18h～24h。同时，另取 1mL 转种于 10mL SC 内，于 36℃±1℃ 培养 18h～24h。

二、选择性分离培养

分别用直径 3mm 的接种环取增菌液 1 环，划线接种于一个 BS 琼脂平板和一个 XLD 琼脂平板（或 HE 琼脂平板或沙门氏菌属显色培养基平板），于 36℃±1℃ 分别培养 40h～48h（BS 琼脂平板）或 18h～24h（XLD 琼脂平板、HE 琼脂平板、沙门氏菌属显色培养基平板），观察各个平板上生长的菌落，各个平板上的菌落特征见表 4-1。

表 4-1　沙门氏菌属在不同选择性琼脂平板上的菌落特征

选择性琼脂平板	沙门氏菌菌落特征
BS 琼脂	菌落为黑色有金属光泽、棕褐色或灰色，菌落周围培养基可呈黑色或棕色；有些菌株形成灰绿色的菌落，周围培养基不变
HE 琼脂	蓝绿色或蓝色，多数菌落中心黑色或几乎全黑色；有些菌株为黄色，中心黑色或几乎全黑色
XLD 琼脂	菌落呈粉红色，带或不带黑色中心，有些菌株可呈现大的带光泽的黑色中心，或呈现全部黑色的菌落；有些菌株为黄色菌落，带或不带黑色中心
沙门氏菌属显色培养基	按照显色培养基的说明书进行判定

三、生化试验

1. 自选择性琼脂平板上分别挑取两个以上典型或可疑菌落，接种三糖铁琼脂，先在斜面划线，再于底层穿刺；接种针不要灭菌，直接接种赖氨酸脱羧酶试验培养基和营养琼脂平板，于36℃±1℃培养18h～24h，必要时可延长至48h。在三糖铁琼脂和赖氨酸脱羧酶试验培养基内，沙门氏菌属的反应结果见表4-2。

表4-2　沙门氏菌属在三糖铁琼脂和赖氨酸脱羧酶试验培养基内的反应结果

三糖铁琼脂				赖氨酸脱羧酶试验培养基	初步判断
斜面	底层	产气	硫化氢		
K	A	+（-）	+（-）	+	可疑沙门氏菌属
K	A	+（-）	+（-）	-	可疑沙门氏菌属
A	A	+（-）	+（-）	+	可疑沙门氏菌属
A	A	+/-	+/-	-	非沙门氏菌
K	K	+/-	+/-	+/-	非沙门氏菌
注：K：产碱；A：产酸；+：阳性；-：阴性；+（-）：多数阳性，少数阴性；+/-：阳性或阴性。					

表4-2说明，在三糖铁琼脂内斜面产酸，底层产酸，同时赖氨酸脱羧酶试验阴性的菌株可以排除。其他的反应结果均有沙门氏菌属的可能，同时也均有不是沙门氏菌属的可能。

2. 接种三糖铁琼脂和赖氨酸脱羧酶试验培养基的同时，可直接接种蛋白胨水（供做靛基质试验）、尿素琼脂（pH7.2）、氰化钾（KCN）培养基，也可在初步判断结果后从营养琼脂平板上挑取可疑菌落接种。于36℃±1℃培养18h～24h，必要时可延长至48h，按表4-3判定结果。将已挑菌落的平板贮存于2℃～5℃或室温至少保留24h，以备必要时复查。

表4-3　沙门氏菌属生化反应初步鉴别表

反应序号	硫化氢（H₂S）	靛基质	尿素（pH7.2）	氰化钾（KCN）	赖氨酸脱羧酶
A1	+	-	-	-	+
A2	+	+	-	-	+
A3	-	-	-	-	+/-
注：+阳性；-阴性；+/-阳性或阴性。					

3. 反应序号A1：典型反应判定为沙门氏菌属，如尿素。氰化钾和赖氨酸脱羧酶3项中有1项异常，按表4-4可判定为沙门氏菌。如有2项异常为非沙门氏菌。

表 4-4 沙门氏菌属生化反应初步鉴别表

尿素（pH7.2）	氰化钾（KCN）	赖氨酸脱羧酶	判定结果
-	-	-	甲型副伤寒沙门氏菌（要求血清学鉴定结果）
-	+	+	沙门氏菌Ⅳ或Ⅴ（要求符合本群生化特性）
+	-	+	沙门氏菌个别变体（要求血清学鉴定结果）
注：+ 表示阳性；- 表示阴性。			

4. 反应序号 A2：补做甘露醇和山梨醇试验，沙门氏菌靛基质阳性变体两项试验结果均为阳性，但需要结合血清学鉴定结果进行判定。

5. 反应序号 A3：补做 ONPG。ONPG 阴性为沙门氏菌，同时赖氨酸脱羧酶阳性，甲型副伤寒沙门氏菌为赖氨酸脱羧酶阴性。

6. 必要时按表 4-5 进行沙门氏菌生化群的鉴别。

表 4-5 沙门氏菌属各生化群的鉴别

项目	Ⅰ	Ⅱ	Ⅲ	Ⅳ	Ⅴ	Ⅵ
卫矛醇	+	+	-	-	+	-
山梨醇	+	+	+	+	+	-
水杨苷	-	-	-	+	-	-
ONPG	-	-	+	-	+	-
丙二酸盐	-	+	+	-	-	-
氰化钾（KCN）	-	-	-	+	+	-
注：+ 表示阳性；- 表示阴性。						

7. 如选择 API20E 生化鉴定试剂盒或 VITEK 全自动微生物鉴定系统，可根据表 4-2 的初步判断结果，从营养琼脂平板上挑取可疑菌落，用生理盐水制备成浊度适当的菌悬液，使用 API20E 生化鉴定试剂盒或 VITEK 全自动微生物鉴定系统进行鉴定。

四、血清学鉴定（A-F 多价诊断血清凝集试验）

1. 检查培养物有无自凝性

一般采用 1.2%～1.5% 琼脂培养物作为玻片凝集试验用的抗原。首先排除自凝集反应，在洁净的玻片上滴加 1 滴生理盐水，将待试培养物混合于生理盐水滴内，使成为均一性的浑浊悬液，将玻片轻轻摇动 30s～60s，在黑色背景下观察反应（必要时用放大镜观察），若出现可见的菌体凝集，即认为有自凝性，反之无自凝性。对无自凝的培养物参照下述方法进行血清学鉴定。

2. 多价菌体抗原（O）鉴定

在玻片上划出两个约 1cm×2cm 的区域，挑取 1 环待测菌，各放 1/2 环于玻片上的每一区域上部，在其中一个区域下部加 1 滴多价菌体（O）抗血清，在另一区域下部加入 1 滴生理盐水，作为对照。再用无菌的接种环或针分别将两个区域内的菌落研成乳状液。将玻片倾斜摇动混合 1min，并对着黑暗背景进行观察，任何程度的凝集现象皆为阳性反应。O 血清不凝集时，将菌株接种在琼脂量较高的（如 2%～3%）培养基上再检查；如果是由于 Vi 抗原的存在而阻止了 O 凝集反应，可挑取菌苔于 1mL 生理盐水中制成浓菌液，于酒精灯火焰上煮沸后再检查。

3. 多价鞭毛抗原（H）鉴定

操作同上一段。H 抗原发育不良时，将菌株接种在 0.55%～0.65% 半固体琼脂平板的中央，待菌落蔓延生长时，在其边缘部分取菌检查；或将菌株通过接种装有 0.3%～0.4% 半固体琼脂的小玻管 1 次～2 次，自远端取菌培养后再检查。

4. 血清学分型（选做项目）

（1）O 抗原的鉴定

用 A～F 多价 O 血清作玻片凝集试验，同时用生理盐水作对照。在生理盐水中自凝者为粗糙型菌株，不能分型。

被 A～F 多价 O 血清凝集者，依次用 O4、O3 和 O10、O7、O8、O9、O2、O11 因子血清做凝集试验。根据试验结果，判定 O 群。被 O3 和 O10 血清凝集的菌株，再用 O10、O15、O34、O19 单因子血清做凝集试验，判定 E1、E2、E3、E4 各亚群，每一个 O 抗原成分的最后确定均应根据 O 单因子血清的检查结果，没有 O 单因子血清的要用两个 O 复合因子血清进行核对。

不被 A～F 多价 O 血清凝集者，先用 9 种多价 O 血清检查，如有其中一种血清凝集，则用这种血清所包括的 O 群血清逐一检查，以确定 O 群。每种多价 O 血清所包括的 O 因子如下：

①O 多价 1：A，B，C，D，E，F 群（并包括 6，14 群）。

②O 多价 2：13，16，17，18，21 群。

③O 多价 3：28，30，35，38，39 群。

④O 多价 4：40，41，42，43 群。

⑤O 多价 5：44，45，47，48 群。

⑥O 多价 6：50，51，52，53 群。

⑦O 多价 7：55，56，57，58 群。

⑧ O 多价 8：59，60，6，62 群。

⑨ O 多价 9：63，65，66，67 群。

（2）H 抗原的鉴定

属于 A～F 各 O 群的常见菌型，依次用表 4-6 所述 H 因子血清检查第 1 相和第 2 相的 H 抗原。

表 4-6　A～F 群常见菌型 H 抗原表

O 群	第 1 相	第 2 相
A	a	无
B	g，f，s	无
B	i，b，d	2
C_1	k，v，r，v	5，z15
C_2	b，d，r	2，5
D（不产气的）	d	无
D（产气的）	g，m，p，q	无
E_1	h，v	6，w，x
E_4	g，s，t	无
E_4	i	无

不常见的菌型，先用 8 种多价 H 血清检查，如有其中一种或两种血清凝集，则再用这一种或两种血清所包括的各种 H 因子血清逐一检查，以第 1 相和第 2 相的 H 抗原。8 种多价 H 血清所包括的 H 因子如下：

① H 多价 1：a，b，c，d，i。

② H 多价 2：eh，enx，enz15，fg，gms，gpu，gp，gq，mt，gz51。

③ H 多价 3：k，r，y，z，z10，lv，lw，1z13，1z28，1z40。

④ H 多价 4：1，2；1，5；1，6；1，7；z6。

⑤ H 多价 5：z4z23，z4z24，z4z32，z29，z35，z36，z38。

⑥ H 多价 6：z39，z41，z42，z44。

⑦ H 多价 7：z52，z53，z54，z55。

⑧ H 多价 8：z56，z57，z60，z61，z62。

每一个 H 抗原成分的最后确定均应根据 H 单因子血清的检查结果，没有 H 单因子血清的要用两个 H 复合因子血清进行核对。

检出第 1 相 H 抗原而未检出第 2 相 H 抗原的或检出第 2 相 H 抗原而未检出第 1 相

H 抗原的，可在琼脂斜面上移种 1 代～2 代后再检查。如仍只检出一个相的 H 抗原，要用位相变异的方法检查其另一个相。单相菌不必作位相变异检查。

位相变异试验方法如下：

①小玻管法：将半固体管（每管 1mL～2mL）在酒精灯上熔化并冷至 50℃，已知相的 H 因子血清 0.05mL～0.1mL，加入已熔化的半固体内，混匀后，用毛细吸管吸取分装于供位相变异试验的小玻管内，待凝固后，用接种针挑取待检菌，接种于一端。将小玻管平放在平皿内，并在其旁放一团湿棉花，以防琼脂中水分蒸发而干缩，每天检查结果，待另一相细菌解离后，可以从另一端挑取细菌进行检查。培养基内血清的浓度应有适当的比例，过高时细菌不能生长，过低时同一相细菌的动力不能抑制。一般按原血清 1∶200～1∶800 的量加入。

②小倒管法：将两端开口的小玻管（下端开口要留一个缺口，不要平齐）放在半固体管内，小玻管的上端应高出培养基的表面，灭菌后备用。临用时在酒精灯上加热熔化，冷至 50℃，挑取因子血清 1 环，加入小套管中的半固体内，略加搅动，使其混匀，待凝固后，将待检菌株接种于小套管中的半固体表层内，每天检查结果，待另一相细菌解离后，可从套管外的半固体表面取菌检查，或转种 1% 软琼脂斜面，于 37℃培养后再做凝集试验。

③简易平板法：将 0.7%～0.8% 半固体琼脂平板烘干表面水分，挑取因子血清 1 环，滴在半固体平板表面，放置片刻，待血清吸收到琼脂内，在血清部位的中央点种待检菌株，培养后，在形成蔓延生长的菌苔边缘取菌检查。

（3）Vi 抗原的鉴定

用 Vi 因子血清检查。已知具有 Vi 抗原的菌型包括伤寒沙门氏菌、丙型副伤寒沙门氏菌、都柏林沙门氏菌。

（4）菌型的判定

根据血清学分型鉴定的结果，按照 GB 4789.4—2024 中有关要求判定菌型。

第五节　检测结果与鉴定

综合以上生化试验和血清学鉴定结果，按要求填写表 4-7 沙门氏菌检测记录，并如实报告 25g（mL）样品中检出或未检出沙门氏菌。

表 4-7 沙门氏菌检测记录

样品名称		样品性状	
检验地点		检验方法依据	
检测日期		检测温度 / 湿度	
培养基名称		培养基批号	
培养基生产厂家			
设备名称			

检 验 结 果 记 录

培养温度：　　　　　　　　　培养时间：

平板分离	BS	
	XLD	
	（或）HE（或）显色培养基	

生化鉴定	硫化氢	靛基质	尿素（pH7.2）	氰化钾	赖氨酸脱羧酶
	说明：用 +、-、+/- 填写，其中 + 表示阳性，- 表示阴性，+/- 表示阳性或阴性。				

进一步生化鉴定	甘露醇	山梨醇	ONPG
	说明：用 +、-、+/- 填写，其中 + 表示阳性，- 表示阴性，+/- 表示阳性或阴性。		

单项检验结论	
备　注	

检验人：　　　　　　　　　　　　复核人：
　　　年　　月　　日　　　　　　　　　年　　月　　日

第六节　注意事项

1.在无菌操作过程中，挑取菌落时，要用接种针挑取可疑菌落中心，避免碰触到其他菌落造成污染；划线接种至营养琼脂平板培养后，注意观察菌落纯度，若出现了不同形态的菌落，说明挑取的菌落不纯，需挑取纯化好的菌落重新进行生化鉴定。

2.在进行三糖铁琼脂培养时，斜面部分需要与空气中的氧气发生氧化反应，因此必须选用透气性良好的试管塞；在使用即用型一次性试管时，应开盖透气培养，严禁密闭培养（密闭培养会导致原本应显红色的斜面变成黄色）。

3.在接种完成后需覆盖液体石蜡；必须同时接种氨基酸脱羧酶对照管；若对照管和氨基酸脱羧酶生化管均为紫色，说明试验菌可能为氧化型细菌或产碱型细菌，不能判断该反应的阴阳性。

4.试验过程中的氰化钾为剧毒产品，操作时需做好防护措施，建议使用商品化培养基更安全；若自行购买氰化钾配制培养基，需格外小心，若出现泄漏，可使用次氯酸钠溶液、84消毒液、漂白粉等进行应急处理。

第七节　沙门氏菌的控制

严格执行食品生产良好操作程序，注意灭蝇，加强对饮水、食品等的卫生监督管理，以切断传播途径。对食品加工和饮食服务人员定期进行健康检查，及时发现带菌者并给予治疗或调离工作岗位。加强屠宰业的卫生监督及各种食品特别是肉类运输、加工、冷藏等方面的卫生措施，防止沙门氏菌污染。

在食品加工过程中，必须严格按卫生规范防止二次污染，通过蒸煮、巴氏消毒、存放适宜温度等进行控制，从而防止沙门氏菌感染的发生。

在生活中预防沙门氏菌传播应注意以下几点：

①勤洗手。饭前便后要洗手，接触禽畜、生肉、生蛋以后也要把手洗干净。

②生肉、生蛋要煮熟。购买的生肉、生蛋、生奶等一定要加热到足够温度。肉类切的块儿不要太大。有些人喜欢吃不熟的鸡蛋，甚至生鸡蛋，这是很危险的。

③生熟分开。厨房里刀具、案板都应至少准备两套，切生肉的跟切熟食的一定要分开，防止交叉感染。

④购买的蔬菜水果要洗净，去除通过土壤带入的细菌。

⑤外出就餐要选择正规的、资质齐全的、卫生条件好的餐厅。烤串要烤熟烤透，切不可吃没有熟透的食物。

复习思考题

（一）判断题

1.沙门氏菌的形态特征是革兰氏阳性杆菌，无芽孢无荚膜，多数有动力，周生鞭毛。　　　　　　　　　　　　　　　　　　　　　　　　　　　（　　）

2.沙门氏菌能发酵葡萄糖产酸产气，也能分解蔗糖、水杨素和乳糖。（　　）

3.沙门氏菌属革兰氏染色呈阳性。　　　　　　　　　　　　　　（　　）

4.沙门氏菌是一群在36℃条件下培养24h能发酵乳糖、产酸产气、需氧和兼性厌氧的革兰氏阴性无芽孢杆菌。　　　　　　　　　　　　　　　　（　　）

5.沙门氏菌检验时样品均液的pH应用盐酸或氢氧化钠调节至中性。（　　）

6.沙门氏菌前增菌需要用到BPW培养液。　　　　　　　　　　（　　）

（二）选择题

1.下列细菌中，H_2S试验呈阴性的是（　　　　）。

A.甲型副伤寒沙门氏菌　　　　　　　B.乙型副伤寒沙门氏菌

C.丙型副伤寒沙门氏菌　　　　　　　D.伤寒沙门氏菌

2.沙门氏菌属中，下列哪一项正确？（　　　　）

A.K抗原为型特异型抗原　　　　　　B.O抗原为群特异性抗原

C.分解葡萄糖，产酸产气　　　　　　D.分解乳糖，产酸产气

3.沙门氏菌属在普通平板上的菌落特点为（　　　　）。

A.中等大小，无色半透明　　　　　　B.针尖状小菌落，不透明

C.中等大小，黏液型　　　　　　　　D.针尖状小菌落，黏液型

4.伤寒沙门氏菌（　　　　）。

A.发酵乳糖，产酸产气　　　　　　　B.发酵乳糖，产酸不产气

C.发酵葡萄糖，产酸产气　　　　　　D.发酵葡萄糖，产酸不产气

5.沙门氏菌属中引起食物中毒最常见的菌种为（　　　　）。

A.鼠伤寒沙门氏菌　　　　　　　　　B.肠炎沙门氏菌

C.鸭沙门氏菌　　　　　　　　　　　D.猪沙门氏菌

6. 沙门氏菌三糖铁试验中试管斜面为（　　　）。

A. 产碱　　　　　　B. 产酸　　　　　　　C. 产生沉淀　　　　　D. 不确定

7. （多选）沙门氏菌属的生化反应特征是（　　　）。

A. 吲哚、尿素分解及 V-P 试验均阴性

B. 发酵葡萄糖产酸产气，产生 H_2S

C. 不分解蔗糖和水杨素，能利用丙二酸钠，液化明胶

D. 不分解乳糖，在肠道鉴别培养基上形成无色菌落

E. 产生血浆凝固酶凝固血浆

8. （多选）沙门氏菌属的形态特征是（　　　）。

A. 革兰氏阴性杆菌　　　　　　　　B. 有芽孢

C. 有荚膜　　　　　　　　　　　　D. 多数有动力、周生鞭毛

E. 有菌丝

（三）简答题

1. 食品中是否能允许个别沙门氏菌的存在？为什么？

2. 沙门氏菌检验时为什么要进行前增菌和增菌培养？

第五章　金黄色葡萄球菌检验

知识目标

1. 了解食品的质量与金黄色葡萄球菌检验的意义。

2. 掌握金黄色葡萄球菌的生物学特性。

3. 掌握国家标准（GB 4789.10—2016）中金黄色葡萄球菌的检测方法及操作步骤。

能力目标

1. 掌握金黄色葡萄球菌检验的生化试验的操作方法和结果的判断。

2. 掌握金黄色葡萄球菌属血清学试验方法。

3. 能熟练操作食品中金黄色葡萄球菌的检测。

4. 能正确填写检验记录表，规范填写检测报告。

第一节　生物学特性

一、形态与染色

葡萄球菌是柯赫、巴斯德和奥格斯顿从脓液中发现的，但通过纯培养并进行详细研究的是巴赫。从黄色葡萄球菌的细胞壁分离出的蛋白质 A 可与免疫球蛋白（主要为 IgG）进行特异性结合，现已被应用于各种免疫反应。葡萄球菌的代表种有金黄色葡萄球菌（*Staphylococcus aureus*）、白色葡萄球菌（*S.albus*）、柠檬色葡萄球菌（*S.citreus*）等。

金黄色葡萄球菌属微球菌科葡萄球菌属，为典型的革兰氏阳性菌，可引起人和动物的感染，也是导致食物中毒比较常见的食源性细菌。金黄色葡萄球菌呈球状，直径约 1μm，多个球菌不规则地堆在一起，形似葡萄串。该菌无芽孢，无鞭毛，大多数无荚膜。

在普通琼脂培养平板上，该菌能形成有光泽、圆形凸起、直径 1mm～2mm 的圆形菌落，颜色大多是浅黄色或黄色。在血平板上，该菌的菌落周围可产生透明或半透明状的溶血环结构。在科玛嘉显色培养基上呈现表面光滑、湿润、凸起的粉红色菌落，这一培养特点，可用于对该菌的初步鉴定。

二、培养特性

葡萄球菌营养要求不高，在普通培养基上生长良好，在含有血液和葡萄糖的培养基中生长更佳，需氧或兼性厌氧，少数专性厌氧。28℃～38℃均能生长，致病菌最适温度为37℃，pH为4.5～9.8，最适为7.4。在肉汤培养基中24h后呈均匀浑浊生长，在琼脂平板上形成圆形凸起、边缘整齐、表面光滑、湿润、不透明的菌落。不同种的菌产生不同的色素，如金黄色、白色、柠檬色。色素为脂溶性。葡萄球菌在血琼脂平板上形成的菌落较大，有的菌株菌落周围形成明显的完全透明溶血环（β溶血），也有不发生溶血者。凡溶血性菌株大多具有致病性。

三、生化特性

（1）多数能分解葡萄糖、麦芽糖、蔗糖，产酸不产气。
（2）致病性菌株能分解甘露醇，产酸。
（3）触酶（过氧化氢酶）阳性，可与链球菌相区分。

四、血清学特性

葡萄球菌抗原构造复杂，已发现的在30种以上，仅了解少数几种的化学组成及生物学活性。

1. 葡萄球菌A蛋白（Staphylococcal Protein A，SPA）

SPA是存在于菌细胞壁的一种表面蛋白，位于菌体表面，与胞壁的黏肽相结合。它与人及多种哺乳动物血清中的IgG的Fc段结合，因而可用含SPA的葡萄球菌作为载体，结合特异性抗体，进行协同凝集试验。A蛋白有抗吞噬作用，还有激活补体替代途径等活性。SPA是一种单链多肽，与细胞壁肽聚糖呈共价结合，是完全抗原，具有特异性。所有来自人类的菌株均有此抗原，动物源株则少见。

2. 多糖抗原

具有群特异性，存在于细胞壁，借此可以分群，A群多糖抗原体化学组成为磷壁酸中的$N-$乙酰葡胺核糖醇残基。B群化学组成是磷壁酸中的$N-$乙酰葡糖胺甘油残基。

3. 荚膜抗原

几乎所有金黄色葡萄球菌菌株的表面都有荚膜多糖抗原的存在。表皮葡萄球菌仅个别菌株有此抗原。

五、变异性

葡萄球菌和耐加氧西林金黄色葡萄球菌对抗生素产生的耐药性普遍存在，说明金黄色葡萄球菌存在着各种不同的生物学结构的变异。

六、抵抗力

葡萄球菌对外界抵抗力强。对碱性染料（龙胆紫）较敏感。对青霉素、金霉素、红霉素、庆大霉素高度敏感，对链霉素中度敏感，对磺胺、氯霉素敏感性较差。易产生耐药性，尤其对青霉素。

金黄色葡萄球菌对高温有一定的耐受能力，在 80℃ 以上的高温环境下 30min 才可以将其彻底杀死，另外金黄色葡萄球菌可以存活于高盐环境，最高可以耐受浓度为 15% 的 NaCl 溶液。基于细菌本身的结构特点，利用 70% 的乙醇可以在几分钟之内将其快速杀死。

七、流行病学和致病性

1. 流行病学

金黄色葡萄球菌感染通常具有以下流行病学特点，一是具有季节性，多见于春夏季；二是分布广泛，分离率有一定差异，在世界及国内各地，金黄色葡萄球菌的检出率差异很大，尤其在温湿度大、环境卫生条件差的区域该菌检出率较高。该菌主要在牛乳、生肉、乳制品、食物、速冻食品以及熟食中能够检出。生肉中该菌检出较常见，主要原因在于加工人员、动物本身或加工环境污染引起。受到污染的生肉往往是熟食的污染源，在各级食物链中该菌引起的传染较多。因生肉制品加工工序较多，污染程度高于生鲜肉。另外，不同的动物种属、饲养环境卫生、地形差异及地区区域分布不同，检出率也不同。多种食品可被该菌污染，如牛奶及乳制品、肉或肉制品对该菌的传播起重要作用，是重要的污染源。在蛋及蛋制品、熟食、海鲜、速冻食品等均能检出。

被该菌感染了的人、动物或被污染的贮藏与加工环境，都属于该菌的污染来源。此外，贮藏与加工环境的中间环节也可导致污染。据有关报道，奶牛场用的奶桶或奶罐中携带的该菌高于 60%，这是生鲜乳被该菌污染的主要原因。在冷冻食品中，由于该菌具有较强的适应能力，在低温环境仍能生存，冷冻食品一旦被该菌污染，因其存活能力强，可长时间带菌，被食用后还可引起食物中毒。

该菌常见的传播途径主要有加工前被污染，如食物、食品或原料本身就携带一定的细菌而引起食物、食品的污染；在加工过程中被污染，如使用的器械、加工设备因清洁不好、消毒不彻底或加工的工人自身带菌等原因；加工后污染，如熟制品包装不严、存放过久、运输销售过程和食用过程交叉污染等其他原因；因化脓性感染患者或病畜的化脓部位而造成的污染。

2. 致病性

金黄色葡菌球菌产生多种毒素与酶，其具体物质与临床致病性如下。

（1）血浆凝固酶

血浆凝固酶是能使含有枸橼酸钠或肝素抗凝剂的人或兔血浆发生凝固的酶类物质，致病菌株多能产生，常作为鉴别葡萄球菌有无致病性的重要标志。凝固酶有两种：一种是分泌至菌体外的，称为游离凝固酶（free coagulase），为蛋白质。作用类似凝血酶原物质，可被人或兔血浆中的协同因子（cofactor）激活变成凝血酶样物质，使液态的纤维蛋白原变成固态的纤维蛋白，从而使血浆凝固。另一种凝固酶结合于菌体表面并不释放，称为结合凝固酶（bound coagulase）或凝聚因子（chumping factor），在该菌株的表面起纤维蛋白原的特异受体作用，细菌混悬于人或兔血浆中时，纤维蛋白原与菌体受体交联而使细菌凝聚。游离凝固酶采用试管法检测，结合凝固酶则以玻片法测试。凝固酶耐热，粗制品100℃ 30min或高压灭菌后仍保持部分活性，但易被蛋白分解酶破坏。凝固酶和葡萄球菌的毒力关系密切。凝固酶阳性菌株进入机体后，使血液或血浆中的纤维蛋白沉积于菌体表面，阻碍体内吞噬细胞的吞噬，即使被吞噬后，也不易被杀死。同时，凝固酶集聚在菌体四周，亦能保护病菌不受血清中杀菌物质的作用。葡萄球菌引起的感染易于局限化和形成血栓，与凝固酶的生成有关。凝固酶具有免疫原性，刺激机体产生的抗体对凝固酶阳性的细菌感染有一定的保护作用。慢性感染患者血清可有凝固酶抗体的存在。

（2）葡萄球菌溶血素（staphylolysin）

多数致病性葡萄球菌产生溶血等。按抗原性不同，至少有 α、β、γ、δ、ε 五种，对人类起致病作用的主要是 α 溶血素。它是一种"攻击因子"，化学成分为蛋白质，相对分子质量约为30000，不耐热，65℃ 30min即可破坏。如将 α 溶血素注入动物皮内，能引起皮肤坏死，如静脉注射，则导致动物迅速死亡。α 溶血素还能使小血管收缩，导致局部缺血和坏死，并能引起平滑肌痉挛。α 溶血素是一种外毒素，具有良好的抗原性。经甲醛处理可制成类毒素。

（3）杀白细胞素（leukocidin）

杀白细胞素含 F 和 S 两种蛋白质，能杀死人和兔的多形核粒细胞和巨噬细胞。此毒素有抗原性，不耐热，产生的抗体能阻止葡萄球菌感染的复发。

（4）肠毒素（enterotoxin）

从临床分离的金黄色葡萄球菌，约1/3产生肠毒素，按抗原性和等电点等不同，葡萄球菌肠毒素分 A、B、C1、C2、C3、D、E 和 F 八个血清型［F 这个血清型已经被取消了，因为事实上，F 型肠毒素就是 TSST1，见下文（6）］，细菌能产生一型或两型以上的肠毒素，肠毒素是单一的多肽链，含有较多的赖氨酸、酪氨酸、天门冬氨酸和谷氨酸。肠毒素可引起急性胃肠炎即食物中毒。与产毒菌株污染了牛奶、肉类、鱼虾、蛋类等食品有关，在 20℃以上经 8h～10h 即可产生大量的肠毒素。肠毒素是一种可溶性蛋白质，耐热，经 100℃煮沸 30min 不被破坏，也不受胰蛋白酶的影响，故误食污染肠毒素的食物后，在肠道作用于内脂神经受体，传入中枢，刺激呕吐中枢，引起呕吐，并产生急性胃肠炎症状。发病急，病程短，恢复快。一般潜伏期为 1h～6h，出现头晕、呕吐、腹泻，发病 1 日～2 日可自行恢复，愈后良好。

（5）表皮溶解毒素（epidermolytic toxin）

也称表皮剥脱毒素（exfoliati），可引起人类或新生小鼠的表皮剥脱性病变。主要发生于新生儿和婴幼儿，引起烫伤样皮肤综合征。主要由噬菌体 Ⅱ 型金黄色葡萄球菌产生的一种蛋白质，相对分子质量为 24000，具有抗原性，可被甲醛脱毒成类毒素。

（6）毒性休克综合毒素 Ⅰ（toxic shock syndrome toxin1，TSST1）

由噬菌体 Ⅰ 群金黄色葡萄球菌产生。可引起发热，增加对内毒素的敏感性。增强毛细血管通透性，引起心血管紊乱而导致休克。

（7）其他

葡萄球菌还可以产生葡激酶（staphylokinase）［又称葡萄球菌溶纤维蛋白酶（staphylococcal fibrinolysin）］、耐热核酸酶（heat-stable nuclease）、透明质酸酶（hyaluronidase）、脂酶（lipase）等。

第二节　检验原理

葡萄球菌在自然界分布极广，空气、土壤、水、饲料、食品（剩饭、糕点、牛奶、肉品等）以及人和动物的体表黏膜等处均有存在，大部分不致病，也有一些致病的葡萄球菌。金黄色葡萄球菌是葡萄球菌属的一个种。可引起皮肤组织炎症，还能产生肠毒素。如果在食品中大量生长繁殖，产生毒素，人误食了含有毒素的食品，就会发生食物中毒，故食品中存在金黄色葡萄球菌对人的健康是一种潜在危险，检查食品中是否存在金黄色葡萄球菌并测定其数量具有重要意义。

金黄色葡萄球菌能产生凝固酶，使血浆凝固，多数致病菌株能产生溶血毒素，使血琼脂平板菌落周围出现溶血环，在试管中出现溶血反应。这是鉴定致病性金黄色葡萄球菌的重要指标。

国家标准执行内容包括定性检测和定量检测两部分。在无菌条件下接种到肉汤中进行前增菌，最后将培养物接种划线，根据生化鉴定方法进行血清学鉴定。传统生化鉴定方法操作简单，稳定性强，成本低，是目前最常用的鉴定方法。

第三节　试验材料

一、培养基与试剂

1. 7.5% 氯化钠肉汤：见附录 A 中 A.16。

2. 血琼脂平板：见附录 A 中 A.17。

3. Baird-Parker 琼脂平板：见附录 A 中 A.18。

4. 脑心浸出液肉汤（BHI）：见附录 A 中 A.19。

5. 兔血浆：见附录 A 中 A.20。

6. 稀释液：磷酸盐缓冲液，见附录 A 中 A.21。

7. 营养琼脂小斜面：见附录 A 中 A.22。

8. 革兰氏染色液：见附录 A 中 A.23。

9. 无菌生理盐水：见附录 A 中 A.24。

二、器具及其他用品

除微生物实验室常规灭菌及培养设备外，其他设备和材料如下。

1. 恒温培养箱：36℃ ±1℃。

2. 冰箱：2℃～5℃。

3. 恒温水浴箱：36℃～56℃。

4. 天平：感量为 0.1g。

5. 均质器。

6. 振荡器。

7. 无菌吸管：1mL（具 0.01mL 刻度）、10mL（具 0.1mL 刻度）或微量移液器及吸头。

8. 无菌锥形瓶：容量 100mL、500mL。

9. 无菌培养皿：直径 90mm。

10. 涂布棒。

11. pH 计、pH 比色管或精密 pH 试纸。

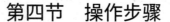

第四节　操作步骤

一、金黄色葡萄球菌定性检验（第一法）

（一）检验程序

金黄色葡萄球菌定性检验（第一法）程序见图 5-1。

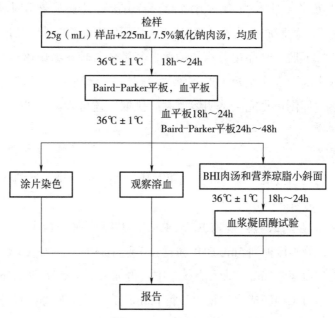

图 5-1　金黄色葡萄球菌检验程序（第一法）

（二）操作步骤

2.1[1]　样品的处理

称取 25g 样品至盛有 225mL 7.5% 氯化钠肉汤的无菌均质杯内，8000r/min～10000r/min 均质 1min～2min，或放入盛有 225mL 7.5% 氯化钠肉汤无菌均质袋中，用拍击式均质器拍打 1min～2min。若样品为液态，吸取 25mL 样品至盛有 225mL 7.5% 氯化钠肉汤的无菌锥形瓶（瓶内可预置适当数量的无菌玻璃珠）中，振荡混匀。

1）　为了方便引用，采用国家标准章条号编写体例。

2.2 增菌

将上述样品匀液于 36℃±1℃培养 18h～24h。金黄色葡萄球菌在 7.5% 氯化钠肉汤中呈浑浊生长。

2.3 分离

将增菌后的培养物,分别划线接种到 Baird-Parker 平板和血平板,血平板 36℃±1℃培养 18h～24h。Baird-Parker 平板 36℃±1℃培养 24h～48h。

2.4 初步鉴定

金黄色葡萄球菌在 Baird-Parker 平板上呈圆形,表面光滑、凸起、湿润,菌落直径为 2mm～3mm,颜色呈灰黑色至黑色,有光泽,常有浅色(非白色)的边缘,周围绕以不透明圈(沉淀),其外常有一清晰带。当用接种针触及菌落时具有黄油样黏稠感。有时可见到不分解脂肪的菌株,除没有不透明圈和清晰带外,其他外观基本相同。从长期贮存的冷冻或脱水食品中分离的菌落,其黑色常较典型菌落浅些,且外观可能较粗糙,质地较干燥。在血平板上形成较大、圆形、光滑凸起、湿润、金黄色(有时为白色)的菌落,周围可见完全透明溶血圈。挑取上述可疑菌落进行革兰氏染色镜检及血浆凝固酶试验。

2.5 确证鉴定

2.5.1 染色镜检:金黄色葡萄球菌为革兰氏阳性球菌,排列呈葡萄球状,无芽孢,无荚膜,直径为 0.5μm～1μm。

2.5.2 血浆凝固酶试验:挑取 Baird-Parker 平板或血平板上至少 5 个可疑菌落(小于 5 个全选),分别接种到 5mL BHI 和营养琼脂小斜面,36℃±1℃培养 18h～24h。

取新鲜配制兔血浆 0.5mL,放入小试管中,再加入 BHI 培养物 0.2mL～0.3mL,振荡摇匀,置 36℃±1℃温箱或水浴箱内,每 0.5h 观察一次,观察 6h,如呈现凝固(即将试管倾斜或倒置时呈现凝块)或凝固体积大于原体积的一半,被判定为阳性结果。同时以血浆凝固酶试验阳性和阴性葡萄球菌菌株的肉汤培养物作为对照。也可用商品化的试剂,按说明书操作,进行血浆凝固酶试验。

结果如可疑,挑取营养琼脂小斜面的菌落到 5mL BHI,36℃±1℃培养 18h～48h,重复试验。

2.6 葡萄球菌肠毒素的检验(选做)

可疑食物中毒样品或产生葡萄球菌肠毒素的金黄色葡萄球菌菌株的鉴定,应按 GB 4789.10—2016 中的附录 B 检测葡萄球菌肠毒素。

（三）结果与报告

3.1　结果判定

符合 2.4、2.5，可判定为金黄色葡萄球菌。

3.2　结果报告

在 25g（mL）样品中检出或未检出金黄色葡萄球菌。

二、金黄色葡萄球菌平板计数（第二法）

（一）检验程序

金黄色葡萄球菌平板计数法检验程序见图 5-2。

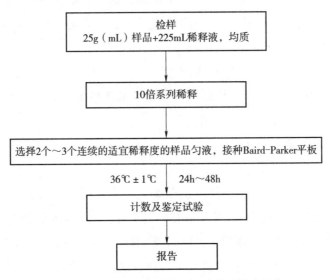

图 5-2　金黄色葡萄球菌平板计数法检验程序

（二）操作步骤

2.1　样品的稀释

2.1.1　固体和半固体样品：称取 25g 样品置于盛有 225mL 磷酸盐缓冲液或生理盐水的无菌均质杯内，8000r/min～10000r/min 均质 1min～2min，或置于盛有 225mL 稀释液的无菌均质袋中，用拍击式均质器拍打 1min～2min，制成 1∶10 的样品匀液。

2.1.2　液体样品：以无菌吸管吸取 25mL 样品置于盛有 225mL 磷酸盐缓冲液或生理盐水的无菌锥形瓶（瓶内预置适当数量的无菌玻璃珠）中，充分混匀，制成 1∶10 的样品匀液。

2.1.3　用 1mL 无菌吸管或微量移液器吸取 1∶10 样品匀液 1mL，沿管壁缓慢注于盛有 9mL 磷酸盐缓冲液或生理盐水的无菌试管中（注意吸管或吸头尖端不要触及稀释液面），振摇试管或换用 1 支 1mL 无菌吸管反复吹打使其混合均匀，制成 1∶100 的样品匀液。

2.1.4　按 2.1.3 操作程序，制备 10 倍系列稀释样品匀液。每递增稀释一次，换用 1 次 1mL 无菌吸管或吸头。

2.2　样品的接种

根据对样品污染状况的估计，选择 2 个～3 个适宜稀释度的样品匀液（液体样品可包括原液），在进行 10 倍递增稀释的同时，每个稀释度分别吸取 1mL 样品匀液以 0.3mL、0.3mL、0.4mL 接种量分别加入三块 Baird-Parker 平板，然后用无菌涂布棒涂布整个平板，注意不要触及平板边缘。使用前，如果 Baird-Parker 平板表面有水珠，可放在 25℃～50℃的培养箱里干燥，直到平板表面的水珠消失。

2.3　培养

在通常情况下，涂布后，将平板静置 10min，如样液不易吸收，可将平板放在 36℃±1℃培养箱中培养 1h；等样品匀液吸收后翻转平板，倒置后于 36℃±1℃培养 24h～48h。

2.4　典型菌落计数和确认

2.4.1　金黄色葡萄球菌在 Baird-Parker 平板上呈圆形，表面光滑、凸起、湿润，菌落直径为 2mm～3mm，颜色呈灰黑色至黑色，有光泽，常有浅色（非白色）的边缘，周围绕以不透明圈（沉淀），其外常有一清晰带。当用接种针触及菌落时具有黄油样黏稠感。有时可见到不分解脂肪的菌株，除没有不透明圈和清晰带外，其他外观基本相同。从长期贮存的冷冻或脱水食品中分离的菌落，其黑色常较典型菌落浅些，且外观可能较粗糙，质地较干燥。

2.4.2　选择有典型的金黄色葡萄球菌菌落的平板，且同一稀释度 3 个平板所有菌落数合计在 20CFU～200CFU 之间的平板，计数典型菌落数。

2.4.3　从典型菌落中至少选 5 个可疑菌落（小于 5 个全选）进行鉴定试验。分别做染色镜检，血浆凝固酶试验（见第一法 2.5.2）；同时划线接种到血平板 36℃±1℃培养 18h～24h 后观察菌落形态，金黄色葡萄球菌菌落较大，圆形、光滑凸起、湿润、金黄色（有时为白色），菌落周围可见完全透明溶血圈。

（三）结果计算

3.1　若只有一个稀释度平板的典型菌落数在 20CFU～200CFU 之间，计数该稀释度平板上的典型菌落，按式（5-1）计算。

3.2　若最低稀释度平板的典型菌落数小于 20CFU，计数该稀释度平板上的典型菌落，按式（5-1）计算。

3.3　若某一稀释度平板的典型菌落数大于 200CFU，但下一稀释度平板上没有典型菌落，计数该稀释度平板上的典型菌落，按式（5-1）计算。

3.4　若某一稀释度平板的典型菌落数大于 200CFU，而下一稀释度平板上虽有典型菌落但不在 20CFU～200CFU 范围内，应计数该稀释度平板上的典型菌落，按式（5-1）计算。

3.5　若 2 个连续稀释度的平板典型菌落数均在 20CFU～200CFU 之间，按式（5-2）计算。

3.6　计算公式如下。

式（5-1）：

$$T = \frac{AB}{Cd} \tag{5-1}$$

式中：

T——样品中金黄色葡萄球菌菌落数；

A——某一稀释度典型菌落的总数；

B——某一稀释度鉴定为阳性的菌落数；

d——稀释因子；

C——某一稀释度用于鉴定试验的菌落数。

式（5-2）：

$$T = \frac{A_1 B_1 / C_1 + A_2 B_2 / C_2}{1.1d} \tag{5-2}$$

式中：

T——样品中金黄色葡萄球菌菌落数；

A_1——第一稀释度（低稀释倍数）典型菌落的总数；

B_1——第一稀释度（低稀释倍数）鉴定为阳性的菌落数；

C_1——第一稀释度（低稀释倍数）用于鉴定试验的菌落数；

A_2——第二稀释度（高稀释倍数）典型菌落的总数；

B_2——第二稀释度（高稀释倍数）鉴定为阳性的菌落数；

C_2——第二稀释度（高稀释倍数）用于鉴定试验的菌落数；

1.1——计算系数；

d——稀释因子（第一稀释度）。

（四）报告

根据式（5-1）、式（5-2）计算结果，报告每 g（mL）样品中金黄色葡萄球菌数，以 CFU/g（mL）表示；如 T 值为 0，则以小于 1 乘以最低稀释倍数报告。

三、金黄色葡萄球菌 MPN 计数（第三法）

（一）检验程序

金黄色葡萄球菌 MPN 计数检验程序见图 5-3。

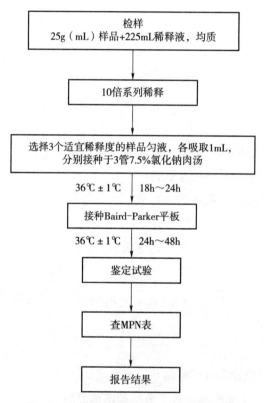

图 5-3　金黄色葡萄球菌 MPN 法检验程序

（二）操作步骤

2.1　样品的稀释

按第二法 2.1 进行。

2.2　接种和培养

2.2.1　根据对样品污染状况的估计，选择 3 个适宜稀释度的样品匀液（液体样品

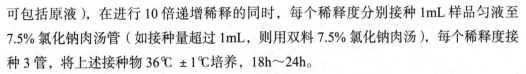

可包括原液），在进行 10 倍递增稀释的同时，每个稀释度分别接种 1mL 样品匀液至
7.5% 氯化钠肉汤管（如接种量超过 1mL，则用双料 7.5% 氯化钠肉汤），每个稀释度接
种 3 管，将上述接种物 36℃ ±1℃培养，18h～24h。

2.2.2　用接种环从培养后的 7.5% 氯化钠肉汤管中分别取培养物 1 环，移种于
Baird-Parker 平板 36℃ ±1℃培养，24h～48h。

2.3　典型菌落确认

按第二法 2.4.1、2.4.3 进行。

（三）结果与报告

根据证实为金黄色葡萄球菌阳性的试管管数，查 MPN 检索表（见附录 B），报告
每 g（mL）样品中金黄色葡萄球菌的最可能数，以 MPN/g（mL）表示。

第五节　检测结果与鉴定

综合以上生化试验的结果，按要求填写下表 5-1 金黄色葡萄球菌检测记录，并如
实报告 25g（mL）样品中检出或未检出金黄色葡萄球菌。

表 5-1　金黄色葡萄球菌检测记录

样品名称		检测日期	
取样数量		检验地点	
取样时间		检验方法依据	
取样地点		检测温度 / 湿度	
培养基名称		培养基批号	
培养基生产厂家			
设备名称			
检 验 结 果 记 录			
培养温度：		培养时间：	
平板分离	SCDLP 增菌培养		
	血琼脂平板		
革兰氏染色镜检			

表 5-1（续）

生化试验	甘露醇发酵			
	血浆凝固酶		试管凝固酶	
	说明：用 +、-、+/- 填写，其中 + 表示阳性，- 表示阴性，+/- 表示阳性或阴性。			
单项检验结论				
备　注				

检验人：　　　　　　　　　　　　　　　　复核人：
　　　　年　　月　　日　　　　　　　　　　　　　年　　月　　日

第六节　注意事项

1. 配制 Baird-Parker 琼脂基础培养基时，一定要注意加入亚硒酸钾卵黄乳液时，培养基的温度不能太高，以免影响亚硒酸钾的作用，或者导致卵黄絮凝。

2. 在观察 Baird-Parker 平板上的菌落特征时，一定要注意金黄色葡萄球菌具有"双环"，即一圈浑浊带，外侧有一透明环。只有单环浑浊带的一般是变形杆菌。

3. 在进行血浆凝固试验时要注意：可疑菌落需同时接种在 5mL 的 BHI 肉汤中和营养琼脂上；必须使用新鲜的 BHI 肉汤培养物；加入 BHI 肉汤培养物后，要轻轻转动瓶身至混合均匀；试验应每 0.5h 观察一次，不可直接观察 6h 后的结果。一些金黄色葡萄球菌能够产生蛋白酶来分解纤维蛋白，而出现先凝集而后消融的情况，保证每 0.5h 观察一次，防止因观察不及时而误判成假阴性。

4. 观察凝固情况时，采用将西林瓶缓慢倾斜或倒置的方式。当凝固体积大于原体积的一半，即可判为阳性。切记不要采用摇晃的方式进行观察。

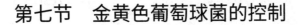

第七节　金黄色葡萄球菌的控制

食品生产贮运过程中，控制金黄色葡萄球菌的污染，可以从以下几方面入手：

①合理选择食品原料和配料，使用安全的水和食物原料，改善加工环境的卫生和操作者的个人卫生习惯，避免金黄色葡萄球菌对食品的污染。

②牢记在安全的温度下保存食物，生熟分开，建议食物现做现吃。尽可能采取热处理确保杀灭细菌，热处理后避免二次污染。

③对已感染或携带某种病原体的食品加工人员，应依据有关法律法规，限制其从事食品加工活动。

④生产加工乳制品、肉类等高危食品的企业，应认真、严格执行食品安全国家标准的相关规定。在加工过程中或在市场流通中发现产品检验的某些指标不符合食品安全国家标准，应以消费者利益为重，自觉把控出厂产品的质量、主动召回不合格产品，防范引起中毒事件的潜在风险。

⑤政府相关部门要加强我国食品中金黄色葡萄球菌安全的风险识别和风险评估研究工作。重视并持续开展预防和控制食源性疾病的宣传教育，及时提醒消费者一旦发生疑似金黄色葡萄球菌肠毒素中毒，除立即将患者送往医院进行救治外，还要立即停止食用并封存可疑食品。同时向食品生产、加工、经营人员普及预防食源性疾病的卫生学知识 。

复习思考题

（一）判断题

1. 葡萄球菌属的形态特征是革兰氏阴性球菌、无芽孢、一般不形成荚膜、有鞭毛。
（　　）

2. 葡萄球菌的培养条件是营养要求较高，在普通培养基上生长不良。　（　　）

3. 从食物中毒标本中分离出葡萄球菌，则说明它一定是引起该食物中毒的病原菌。
（　　）

4. 葡萄球菌属革兰氏染色呈阴性。　（　　）

5. 金黄色葡萄球菌显微形态为杆状。　（　　）

6. 金黄色葡萄球菌检验需要用到 BS 平板分离。 （　　）

7. 金黄色葡萄球菌检验程序是：检样制备→10 倍系列稀释→选择任意三个稀释度接种 BP 平板。 （　　）

8. 金黄色葡萄球菌分离的培养基是血平板。 （　　）

9. 金黄色葡萄球菌检测时滴管和洗耳球是必备的试验材料。 （　　）

（二）选择题

1. 金黄色葡萄球菌在血平板上生长时，菌落周围常常会出现溶血环，其特征为（　　）。

A. 变浑浊　　　　　　B. 不同色泽　　　　　　C. 产生沉淀　　　　　　D. 形成透明圈

2. 检验葡萄球菌的方法中适用于检测认为带有大量竞争菌的食品及其原料和未经处理的食品中的少量葡萄球菌的是（　　）。

A. 最近似值（MPN）测定法　　　　　　B. 平板表面计数法

C. 非选择性增菌法　　　　　　D. 以上都是

3. 甲型链球菌和肺炎球菌在血平板上都形成 α 溶血，鉴别二者常用的试验是（　　）。

A. 抗 O 试验　　　　　　B. 凝固酶试验

C. 胆汁溶菌试验　　　　　　D. 乳糖发酵试验

4. 金黄色葡萄球菌的常用培养基是（　　）。

A. BS 培养基　　　　B. NaCl 培养基　　　　C. 普通培养基　　　　D. 血平板

5. 没有鞭毛的细菌是（　　）。

A. 大肠埃希氏菌　　　　　　B. 志贺氏菌

C. 沙门氏菌　　　　　　D. 金黄色葡萄球菌

6. 金黄色葡萄球菌在血平板上菌落颜色为（　　）。

A. 绿色　　　　　　B. 黑色　　　　　　C. 白色　　　　　　D. 金黄色

7. 金黄色葡萄球菌菌落形态为凸起是因为（　　）。

A. 有运动性　　　　B. 无运动性　　　　C. 培养温度适宜　　　　D. 不确定

8. （多选）葡萄球菌属的形态特征是（　　）。

A. 革兰氏阳性球菌　　　　　　B. 无鞭毛

C. 有芽孢　　　　　　D. 一般形成荚膜

E. 都产生血浆凝固酶

9. （多选）葡萄球菌属的培养和生化反应特征是（　　）。

A. 在血琼脂平板上多数致病性菌葡萄球菌可产生溶血毒素

B. 耐盐性强

C. 能产生紫色素

D. 能产生凝固酶，分解甘露醇（在厌氧条件下）

E. 以上均不对

10.（多选）下列葡萄球菌中可以致病的是（　　　）。

A. 葡萄球菌

B. 表皮葡萄球菌

C. 腐生性葡萄球菌

D. 溶血葡萄球菌

E. 腐生葡萄球菌

11.（多选）链球菌的致病机理是致病性链球菌可产生（　　　）。

A. 透明质酸酶

B. 链激酶

C. 链道酶

D. 溶血毒素

E. 凝固酶

12.（多选）葡萄球菌的致病机理是多数致病性菌株能产生（　　　）。

A. 溶血毒素

B. 杀白细胞毒素

C. 肠毒素

D. 血浆凝固酶

E. 肉毒素

（三）简答题

1. 金黄色葡萄球菌可产生哪些毒素和酶？

2. 确认葡萄球菌为金黄色葡萄球菌的依据至少包括哪几个试验？

3. 金黄色葡萄球菌的形态和染色、培养特征如何？

第六章　溶血性链球菌检验

知识目标

1. 了解食品安全与溶血性链球菌检验的意义。

2. 掌握溶血性链球菌检验的生物学特性。

3. 掌握国家标准（GB 4789.11—2014）中 β 型溶血性链球菌的检测方法及操作步骤。

能力目标

1. 掌握溶血性链球菌的生化试验的操作方法和结果的判断。

2. 掌握溶血性链球菌属血清学试验方法。

3. 能熟练操作食品中溶血性链球菌的检测。

4. 能正确填写检验记录表，规范填写检测报告。

第一节　生物学特性

一、形态与染色

链球菌常用的分类方法包括根据溶血性和根据抗原结构等两种。微生物学家于1919年发现链球菌属不同菌种或菌株在血平板上可形成不同的溶血现象。根据链球菌在血液培养基上生长繁殖后是否溶血及其溶血性质分为三类。

1. α 型（甲型）溶血性链球菌

可引起不完全溶血现象，称甲型或 α 溶血。其菌落周围可形成 1mm～2mm 宽的草绿色溶血环，故这类细菌亦称草绿色链球菌，多为条件致病菌。其中产生的溶血环为草绿色，是因为细菌产生的 H_2O_2 等氧化性的物质将血红蛋白氧化成高铁血红蛋白，绿色其实是高铁血红蛋白的颜色。

2. β 型（乙型）溶血性链球菌

可引起完全溶血现象，称乙型溶血或 β 溶血。其菌落周围形成一个 2mm～4mm 宽的透明溶血环，故这类细菌亦称溶血性链球菌，致病力强，可引起人类和动物的多种疾病。

3. γ-溶血链球菌

不产生溶血素，菌落周围无溶血环，也称为丙型或不溶血性链球菌，该菌无致病性，常存在于乳类和粪便中，偶尔也引起感染。

根据链球菌细胞壁多糖抗原的不同可将其分为 A、B、C、D 四个群，其后不断发现和调整，目前分 A~H、K~V 共 20 个群。其中，A、B、C 群多为 β 型溶血性链球菌，D 群则为 α 型溶血性链球菌或非溶血性链球菌。对人类致病的，90% 左右属 A群，B、C、D、G 群偶见，而其他各群的 β 型溶血性链球菌主要引起家畜的感染。链球菌的群别与溶血性间无平行关系，但对人类致病的 A 群链球菌多数呈 β 型溶血。97% 的 A 群链球菌可被杆菌肽抑制，其他链球菌则不被抑制。

溶血性链球菌在自然界中分布较广，是一种常见的病原微生物，呈球形或椭圆形，直径 $0.6\mu m$~$1.0\mu m$，呈链状排列，长短不一，从 4 个~8 个至 20 个~30 个菌细胞组成不等，链的长短与细菌的种类及生长环境有关。该菌不形成芽孢，无鞭毛，易被普通的碱性染料着色，革兰氏阳性，需氧或兼性厌氧菌，营养要求较高。

二、培养特性

（1）需氧或兼性厌氧菌。

（2）营养要求较高，普通培养基上生长不良，需补充血清、血液、腹水，大多数菌株需核黄素、维生素 B_6、烟酸等生长因子。

（3）最适生长温度为 37℃，在 20℃~42℃能生长，最适 pH 为 7.4~7.6。

（4）在血清肉汤中易成长链，管底呈絮状或颗粒状沉淀生长。在血平板上形成灰白色、半透明、表面光滑、边缘整齐、直径 0.5mm~0.75mm 的细小菌落，不同菌株溶血不一。

三、生化特性

（1）分解葡萄糖，产酸不产气。

（2）对乳糖、甘露醇、水杨苷、山梨醇、棉子糖、蕈糖、七叶苷的分解能力因不同菌株而异。

（3）一般不分解菊糖，不被胆汁溶解，触酶阴性。

四、血清学特性

链球菌的抗原构造较复杂，主要有三种：

（1）核蛋白抗原：或称 P 抗原，无特异性，各种链球菌均相同。

（2）多糖抗原：或称 C 抗原，为群特异性抗原，是细胞壁的多糖组分，可用稀盐酸等提取。

（3）蛋白质抗原：或称表面抗原，具有型特异性，位于 C 抗原外层，其中可分为 M、T、R、S 四种不同性质的抗原成分，与致病性有关的是 M 抗原。

五、抵抗力

该菌抵抗力一般不强，60℃ 30min 即被杀死，对常用消毒剂敏感，在干燥尘埃中生存数月。乙型链球菌对青霉素、红霉素、氯霉素、四环素、磺胺均敏感。青霉素是链球菌感染的首选药物，很少有耐药性。

六、流行病学和致病性

1. 流行病学

溶血性链球菌广泛存在于水、空气、尘埃、粪便及健康人和动物的口腔、鼻腔、咽喉中，可通过直接接触、空气飞沫或皮肤、黏膜伤口感染传播，而被污染的食品如奶、肉、蛋及其制品也会使人类感染，上呼吸道感染患者、人畜化脓性感染部位常成为食品污染的污染源。

溶血性链球菌可引起皮肤和皮下组织的化脓性炎症、呼吸道感染，还可通过食品引起猩红热、流行性咽炎的暴发流行。溶血性链球菌被列为食品卫生检验的主要对象之一。

2. 致病性

溶血性链球菌常可引起皮肤、皮下组织的化脓性炎症，呼吸道感染、流行性咽炎的暴发性流行以及新生儿败血症、细菌性心内膜炎、猩红热、风湿热、肾小球肾炎等变态反应。链球菌食物中毒潜伏期较短（5h～12h），临床症状较轻，表现为恶心、呕吐、腹痛、腹泻，1d～2d 即可恢复。溶血性链球菌的致病性与其产生的毒素及其侵袭性酶有关，主要有以下几种：

①链球菌溶血素：溶血素有 O 和 S 两种，O 为含有 -SH 的蛋白质，具有抗原性，S 为小分子多肽，相对分子质量较小，故无抗原性。

②致热外毒素：曾称红疹毒素或猩红热毒素，是人类猩红热的主要毒性物质，会引起局部或全身红疹、发热、疼痛、恶心、呕吐、周身不适。

③透明质酸酶：又称扩散因子，能分解细胞间质的透明质酸，故能增加细菌的侵袭力，使病菌易在组织中扩散。

④链激酶：又称链球菌纤维蛋白溶酶，能使血液中纤维蛋白酶原变成纤维蛋白酶，具有增强细菌在组织中的扩散作用，该酶耐热，100℃ 50min 仍可保持活性。

⑤链道酶：又称链球菌 DNA 酶，能使脓液稀薄，促进病菌扩散。

⑥杀白细胞素：能使白细胞失去动力，变成球形，最后膨胀破裂。

第二节 检验原理

链球菌在自然界中分布较广，存在于水、空气、尘埃、粪便及健康人和动物的口腔、鼻腔、咽喉中，可通过直接接触、空气飞沫传播或通过皮肤、黏膜伤口感染，也可通过被污染的食品（如奶、肉、蛋及其制品）对人类进行感染。

第三节 试验材料

一、培养基与试剂

1. 改良胰蛋白胨大豆肉汤（modified tryptone soybean broth，mTSB）：见附录 A 中 A.25。

2. 哥伦比亚 CNA 血琼脂（columbia CNA blood agar）：见附录 A 中 A.26。

3. 哥伦比亚血琼脂（columbia blood agar）：见附录 A 中 A.27。

4. 革兰氏染色液：见附录 A 中 A.28。

5. 胰蛋白胨大豆肉汤（Tryptone Soybean Broth，TSB）：见附录 A 中 A.29。

6. 草酸钾血浆：见附录 A 中 A.30。

7. 0.25% 氯化钙（$CaCl_2$）溶液：见附录 A 中 A.31。

8. 3% 过氧化氢（H_2O_2）溶液：见附录 A 中 A.33。

9. 生化鉴定试剂盒或生化鉴定卡。

二、器具及其他用品

除微生物实验室常规灭菌及培养设备外，其他设备和材料如下。

1. 恒温培养箱：36℃ ±1℃。

2. 冰箱：2℃～5℃。

3. 厌氧培养装置。

4. 天平：感量为 0.1g。

5. 均质器与配套均质袋。

6. 显微镜：10 倍～100 倍。

7. 无菌吸管：1mL（具 0.01mL 刻度）、10mL（具 0.1mL 刻度）或微量移液器及吸头。

8. 无菌锥形瓶：容量 100mL、200mL、2000mL。

9. 无菌培养皿：直径 90mm。

10. pH 计、pH 比色管或精密 pH 试纸。

11. 水浴装置：36℃ ±1℃。

12. 微生物生化鉴定系统。

第四节　操作步骤

溶血性链球菌检验程序见图 6-1。

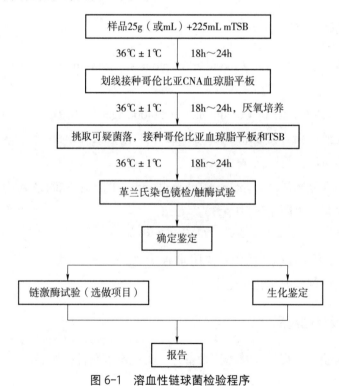

图 6-1　溶血性链球菌检验程序

一、样品处理及增菌

按无菌操作称取检样 25g（mL），加入盛有 225mL mTSB 的均质袋中，用拍击式均质器均质 1min～2min；或加入盛有 225mL mTSB 的均质杯中，以 8000r/min～10000r/min 均质 1min～2min。若样品为液态，振荡均匀即可。36℃ ±1℃培养 18h～24h。

二、分离

将增菌液划线接种于哥伦比亚 CNA 血琼脂平板，36℃ ±1℃厌氧培养 18h～24h，观察菌落形态。溶血性链球菌在哥伦比亚 CNA 血琼脂平板上的典型菌落形态为直径 2mm～3mm，灰白色、半透明、光滑、表面突起、圆形、边缘整齐，并产生 β 型溶血。

三、鉴定

1. 分纯培养

挑取 5 个（如小于 5 个则全选）可疑菌落分别接种哥伦比亚血琼脂平板和 TSB 增菌液，36℃ ±1℃培养 18h～24h。

2. 革兰氏染色镜检

挑取可疑菌落染色镜检。β 型溶血性链球菌为革兰氏染色阳性，球形或卵圆形，常排列成短链状。

3. 触酶试验

挑取可疑菌落于洁净的载玻片上，滴加适量 3% 过氧化氢溶液，立即产生气泡者为阳性。β 型溶血性链球菌触酶为阴性。

4. 链激酶试验（选做项目）

吸取草酸钾血浆 0.2mL 于 0.8mL 灭菌生理盐水中混匀，再加入经 36℃ ±1℃培养 18h～24h 的可疑菌的 TSB 培养液 0.5mL 及 0.25% 氯化钙溶液 0.25mL，振荡摇匀，置于 36℃ ±1℃水浴中 10min，血浆混合物自行凝固（凝固程度至试管倒置，内容物不流动）。继续 36℃ ±1℃培养 24h，凝固块重新完全溶解为阳性，不溶解为阴性，β 型溶血性链球菌为阳性。

5. 其他检验

使用生化鉴定试剂盒或生化鉴定卡对可疑菌落进行鉴定。

第五节 检测结果与鉴定

综合以上试验结果，报告每 25g（mL）检样中检出或未检出溶血性链球菌，见表 6-1。

表 6-1 溶血性链球菌检测记录

样品名称		检测日期	
取样数量		检验地点	
取样时间		检验方法依据	
取样地点		检测温度 / 湿度	
培养基名称		培养基批号	
培养基生产厂家			
设备名称			
检 验 结 果 记 录			
培养温度：		培养时间：	
平板分离	葡萄糖肉汤增菌培养		
	血琼脂平板		
革兰氏染色镜检			
生化试验	链激酶试验		
	杆菌肽敏感试验		
	说明：用 +、- 填写，其中 + 表示阳性，- 表示阴性。		
单项检验结论			
备 注			
检验人： 　年　月　日		复核人： 　年　月　日	

第六节　溶血性链球菌的控制

1. 防止带菌人群对各种食物的污染，患局部化脓性感染、上呼吸道感染的人员要暂停与食品接触的工作。

2. 防止对奶及其制品的污染，牛奶场要定期对生产中的奶牛进行体检，坚持挤奶前消毒，一旦发现患化脓性乳腺炎的奶牛要立即隔离，奶制品要用消毒过的原料，并注意低温保存。

3. 在动物屠宰过程中，应严格执行检验法规，割除病灶并以流水冲洗；在肉制品加工过程中发现化脓性病灶应整块剔除。

复习思考题

一、判断题

1. 链球菌的形态特征是革兰氏阳性、呈球形或卵圆形、不形成芽孢、无鞭毛、不运动。　　　　　　　　　　　　　　　　　　　　　　　　　　　（　　）

2. 链球菌的培养条件是营养要求不高、在普通培养基上生长良好。　（　　）

二、选择题

1. 下列何种微生物培养时会产生溶血环现象？（　　　）

A. 肺炎链球菌　　　　　　　　　　　　B. 军团菌

C. 乙型溶血性链球菌　　　　　　　　　D. 肺炎支原体

2. 链球菌中菌落周围有宽而透明的溶血环，能产生溶血毒素的是（　　　）。

A. 甲型（α）溶血性链球菌　　　　　　B. 乙型（β）溶血性链球菌

C. 丙型（γ）链球菌　　　　　　　　　D. 以上都不是

3. 下列溶血性链球菌中对杆菌肽敏感的是（　　　）。

A. 甲型溶血性链球菌　　　　　　　　　B. 乙型溶血性链球菌

C. 丙型溶血性链球菌　　　　　　　　　D. 以上都是

4. 链球菌中不产生溶血素，菌落周围无溶血环的是（　　　）。

A. 甲型（α）溶血性链球菌　　　　　　B. 乙型（β）溶血性链球菌

C. 丙型（γ）链球菌　　　　　　　　　　D. 以上都不是

5. 链激酶试验中能产生链激酶激活正常人体血液中的血浆蛋白酶原，形成血浆蛋白酶，而后溶解纤维蛋白的是（　　　）。

A. 甲型溶血性链球菌　　　　　　　　B. 乙型溶血性链球菌

C. 丙型溶血性链球菌　　　　　　　　D. 以上都是

6. 链球菌不会引起（　　　）。

A. 产褥热　　　　　B. 猩红热　　　　　C. 淋巴结炎　　　　D. 淋病

7.（多选）链球菌的形态特征是（　　　）。

A. 革兰氏阳性　　　　　　　　　　B. 形成芽孢

C. 无鞭毛　　　　　　　　　　　　D. 不运动

E. 革兰氏阴性

8.（多选）链球菌的培养和生化反应特征是（　　　）。

A. 营养要求较高，需氧或兼性厌氧

B. 在血清肉汤中易形成长链

C. 通过二磷酸己糖途径发酵葡萄糖，主要产生右旋乳酸，接触酶阴性

D. 抵抗力强

E. 不确定

9.（多选）链球菌的致病机理是致病性链球菌可产生（　　　）。

A. 透明质酸酶　　　　　　　　　　B. 链激酶

C. 链道酶　　　　　　　　　　　　D. 溶血毒素

E. 凝固酶

第七章　副溶血性弧菌检验

知识目标

1. 了解食品安全与副溶血性弧菌检验的意义。

2. 掌握副溶血性弧菌的生物学特性。

3. 掌握国家标准（GB 4789.7—2013）中副溶血性弧菌的检测方法及操作步骤。

能力目标

1. 掌握副溶血性弧菌检验的生化试验的操作方法和结果的判断。

2. 掌握副溶血性弧菌属血清学试验方法。

3. 能熟练操作食品中副溶血性弧菌的检测。

4. 能正确填写检验记录表，规范填写检测报告。

第一节　生物学特性

一、形态与染色

副溶血性弧菌系弧菌科弧菌属，是一种革兰氏阴性、多形态球杆菌。其菌体呈弧状、杆状或丝状，无芽孢且无荚膜。副溶血性弧菌大小为 0.7μm～1.0μm，有时有丝状菌体，可长达 15μm。一端有鞭毛，运动活泼，菌周有鞭毛。

二、培养特性

（1）需氧菌，需氧性很强，营养要求不高。

（2）在含盐 3%～3.5% 培养基中生长最好，无盐条件下不能生长。

（3）最适温度 30℃～37℃，pH7.4～8.0。

（4）在液体培养基中，呈现浑浊，表面形成菌膜，R 型菌发生沉淀。

（5）在固体培养基上的菌落通常为隆起，圆形，稍浑浊，不透明，表面光滑湿润，传代之后出现不圆整、粗糙型菌落，或灰白色半透明或不透明的菌落。

（6）在血琼脂平板上菌落的周围可见溶血环，某些菌株可形成 β 溶血或 α 溶血。

（7）在伊红美蓝琼脂上不生长，某些菌株在麦康凯上生长，生长的菌落呈圆形、平坦、半透明或浑浊，略带红色。

（8）在 SS 平板上，菌落中等大小，长出 1mm～2mm 扁平、无色、半透明的菌落，不易挑起，挑起时呈黏稠状。

（9）典型的副溶血性弧菌在 TCBS 琼脂培养基（硫代硫酸盐－柠檬酸盐－胆盐－蔗糖琼脂培养基）呈圆形、半透明、表面光滑的绿色菌落，用接种环轻触，有类似口香糖的质感，直径 2mm～3mm。

（10）典型的副溶血性弧菌在弧菌显色培养基上呈圆形、半透明、表面光滑的粉紫色菌落，直径 2mm～3mm。

三、生化特性

（1）此菌具有细胞色素氧化酶，不发酵蔗糖、乳糖、纤维二糖等。

（2）能分解葡萄糖、麦芽糖、甘露醇、淀粉和阿拉伯胶糖，产酸，不产气。从患者样品中分离的致病菌株在人或家兔红细胞的培养基中生长，能产生 β 溶血。

（3）海水中及海产品中分离的菌株不溶血，这个现象称为"神奈川现象"。能在神奈川培养基上产生 β 溶血者，称为神奈川试验阳性。

四、血清学特性

副溶血性弧菌有三种抗原，即 O 抗原（菌体抗原）、K 抗原（荚膜抗原）及 H 抗原（鞭毛抗原）。O 抗原是耐热的菌体抗原，目前有 O1～O13 共 13 种，可用于血清学鉴定；K 抗原是一种荚膜抗原，现有 K1～K71，也用于血清学鉴定；因 H 抗原与其他弧菌有共同性，至今在血清型别的分类上没有利用，且我国的副溶血性弧菌大部分是 O3∶K6。

五、抵抗力

副溶血性弧菌存活能力强，在抹布和砧板上能生存 1 个月以上，海水中可存活 47d。副溶血性弧菌对酸较敏感，当 pH 在 6 以下即不能生长，在普通食醋中 1min～3min 即死亡。对高温抵抗力小，50℃ 20min、65℃ 5min 或 80℃ 1min 即可被杀死。副溶血性弧菌对常用消毒剂抵抗力很弱，可被低浓度的酚和煤酚皂溶液杀灭。副溶血性弧菌为嗜盐性细菌，必须在含盐 0.5%～8% 的环境中方可生长，尤以含盐量在 2%～4% 的情况下最佳。故其在无盐的培养基上不能生长，在含盐浓度过高（10% 以上）的培养基上也无法生长。

六、流行病学和致病性

1. 流行病学

（1）细菌分布

副溶血性弧菌分布极广，从地区分布上看，日本及我国沿海地区为副溶血性弧菌食物中毒发病率的高发区。据调查，我国沿海水域、海产品中副溶血性弧菌检出率较高，尤其是气温较高的夏秋季节。但近年来随着海产品的市场流通，内地也有副溶血性弧菌食物中毒的散在发生。

从食品种类上看，主要是海产品，其中以墨鱼、带鱼、虾、蟹最为多见，如墨鱼的带菌率达93%，我国华东地区沿岸的海水的副溶血性弧菌检出率为47.5%～66.5%，海产鱼虾的平均带菌率为45.6%～48.7%，夏季可高达90%以上。其次为盐渍食品。畜禽肉、咸菜、咸蛋、淡水鱼、腌肉中都发现有副溶血性弧菌的存在。

副溶血性弧菌也在特定人群中分布，沿海地区饮食从业人员、健康人群及渔民副溶血性弧菌带菌率为11.7%左右，有肠道病史者带菌率可达31.6%～88.8%。

（2）传播途径

海水是本菌的污染源，海产品、海盐、带菌者等都有可能成为传播本菌的途径，另外有肠道病史的居民、渔民带菌率偏高，也是传染源之一。

①传染源

传染源为病人，集体发病时往往仅少数病情严重者住院，而多数未住院者可能成为传染源，但由于病人仅在疾病初期排菌较多，其后排菌迅速减少，故不至因病人散布病菌而造成广泛流行。

②传播途径

本病经食物传播，主要的食物是海产品或盐腌渍品，常见者为蟹类、乌贼、海蜇、鱼、黄泥螺等，其次为蛋品、肉类或蔬菜。进食肉类或蔬菜而致病者，多因食物容器或砧板污染所引起。

③易感者

男女老幼均可患病，但以青壮年为多，病后免疫力不强，可重复感染。本病多发生于夏秋沿海地区，常造成集体发病。近年来沿海地区发病有增多的趋势。

④季节性特点及易感性

7月—9月是副溶血性弧菌食物中毒的高发季节。男女老幼均可患病，但以青壮年为多，病后免疫力不强，可重复感染。

2. 致病性

由副溶血性弧菌引起的食物中毒一般表现为急发病，潜伏期2h～24h，一般为10h

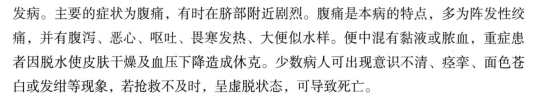

发病。主要的症状为腹痛，有时在脐部附近剧烈。腹痛是本病的特点，多为阵发性绞痛，并有腹泻、恶心、呕吐、畏寒发热、大便似水样。便中混有黏液或脓血，重症患者因脱水使皮肤干燥及血压下降造成休克。少数病人可出现意识不清、痉挛、面色苍白或发绀等现象，若抢救不及时，呈虚脱状态，可导致死亡。

副溶血性弧菌的毒力因子可以分成三类。

（1）耐热直接溶血毒素

尽管副溶血性弧菌是引起食物中毒的重要病原菌，但大多数的副溶血性弧菌没有致病能力，只有少数高毒力的菌株才会致病。神奈川现象是广泛用于检验副溶血性弧菌是否具有致病能力的一种体外试验方法，它是由副溶血性弧菌产生的耐热直接溶血毒素（TDH）而引起的，该溶血毒素能在特殊的血琼脂培养基上的菌落周围可产生一条 β- 型溶血环。大多数具有致病能力的副溶血性弧菌包括几乎所有来源于临床和约 1% 来源于海水的菌株都可产生神奈川现象，呈神奈川阳性，而多数无毒力菌株则呈神奈川阴性。因此，耐热直接溶血毒素被认为是该菌的主要毒力因子。

（2）耐热相关溶血毒素

尽管耐热直接溶血毒素被公认为是副溶血性弧菌的主要毒力因子，流行病学调查也表明副溶血性弧菌的致病力同其产生的耐热直接溶血毒素有高度的相关性，但近几年副溶血性弧菌中毒时的临床分离菌株也有少数呈神奈川阴性的，某些菌株虽然不产生耐热直接溶血毒素，但却能产生耐热相关溶血毒素（thermostable related hemolysin, TRH），证明 TRH 也是一些菌株的毒力因子。

（3）尿素酶

副溶血性弧菌一般不产生尿素酶，但来源于 1997 年发生在美国西海岸地区的副溶血性弧菌中毒患者的某些临床菌株却具有尿素酶活性，说明尿素酶也有可能是某些副溶血性弧菌的毒力因子之一。有资料显示，TRH 的致病同尿素酶有密切关系，尿素酶阳性菌株都具有 TRH 基因（trh），同时所有具 TRH 基因的菌株也都具有能产生尿素酶的能力。这些结果表明尿素酶基因（ureC）与 TRH 基因之间有一定的联系，在具有致病性的菌株染色体上可能同时存在尿素酶基因（ureC）和 trh 基因，但其作用机制尚不清楚。由此可见，TDH、TRH 及尿素酶是副溶血性弧菌的三大毒力因子，其中 TDH 是绝大多数副溶血性弧菌具有致病能力的毒力因子，TRH 和尿素酶是少数临床菌株的毒力因子，TRH 的毒力与尿素酶的活性有关。

第二节　检验原理

采用氯化钠结晶紫增菌液进行增菌后、接种于氯化钠蔗糖琼脂和选择性琼脂平板使包括副溶血性弧菌在内的嗜盐性弧菌得以分离，可疑菌落经氯化钠三糖铁斜面、革兰氏染色和嗜盐性试验进行初步判定，最后经生化试验以及动物试验进行确定其是否为副溶血性弧菌。

第三节　试验材料

一、培养基与试剂

1. 3% 氯化钠碱性蛋白胨水：见附录 A 中 A.33。

2. 硫代硫酸盐 - 柠檬酸盐 - 胆盐 - 蔗糖（TCBS）琼脂：见附录 A 中 A.34。

3. 3% 氯化钠胰蛋白胨大豆琼脂：见附录 A 中 A.35。

4. 3% 氯化钠三糖铁琼脂：见附录 A 中 A.36。

5. 嗜盐性试验培养基：见附录 A 中 A.37。

6. 3% 氯化钠甘露醇试验培养基：见附录 A 中 A.38。

7. 3% 氯化钠赖氨酸脱羧酶试验培养基：见附录 A 中 A.39。

8. 3% 氯化钠 MR-VP 培养基：见附录 A 中 A.40。

9. 3% 氯化钠溶液：见附录 A 中 A.41。

10. 我妻氏血琼脂：见附录 A 中 A.42。

11. 氧化酶试剂：见附录 A 中 A.43。

12. 革兰氏染色液：见附录 A 中 A.44。

13. ONPG 试剂：见附录 A 中 A.45。

14. Voges-Proskauer（V-P）试剂：见附录 A 中 A.46。

15. 弧菌显色培养基。

16. 生化鉴定试剂盒。

二、设备和材料

除微生物实验室常规灭菌及培养设备外，其他设备和材料如下。

1. 恒温培养箱：36℃ ±1℃。

2. 冰箱：2℃~5℃、7℃~10℃。

3. 恒温水浴箱：36℃ ±1℃。

4. 均质器或无菌乳钵。

5. 天平：感量为 0.1g。

6. 无菌试管：18mm×180mm、15mm×100mm。

7. 无菌吸管：1mL（具 0.01mL 刻度）、10mL（具 0.1mL 刻度）或微量移液器及吸头。

8. 无菌锥形瓶：容量 250mL、500mL、1000mL。

9. 无菌培养皿：直径 90mm。

10. 全自动微生物生化鉴定系统。

11. 无菌手术剪、镊子。

第四节　操作步骤

副溶血性弧菌检验程序见图 7-1。

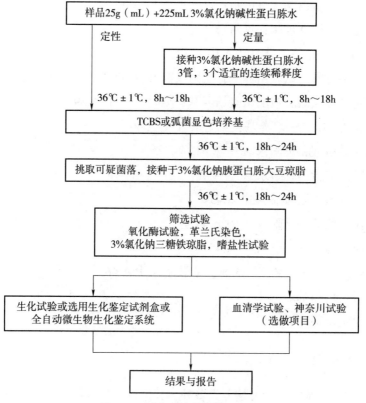

图 7-1　副溶血性弧菌检验程序

一、样品制备

1. 非冷冻样品采集后应立即置 7℃～10℃ 冰箱保存，尽可能及早检验；冷冻样品应在 45℃ 以下不超过 15min 或在 2℃～5℃ 不超过 18h 解冻。

2. 鱼类和头足类动物取表面组织、肠或鳃。贝类取全部内容物，包括贝肉和体液；甲壳类取整个动物，或者动物的中心部分，包括肠和鳃。如为带壳贝类或甲壳类，则应先在自来水中洗刷外壳并甩干表面水分，然后以无菌操作打开外壳，按上述要求取相应部分。

3. 以无菌操作取样品 25g（mL），加入 3% 氯化钠碱性蛋白胨水 225mL，用旋转刀片式均质器以 8000r/min 均质 1min，或拍击式均质器拍击 2min，制备成 1∶10 的样品匀液。如无均质器，则将样品放入无菌乳钵，自 225mL 3% 氯化钠碱性蛋白胨水中取少量稀释液加入无菌乳钵，样品磨碎后放入 500mL 无菌锥形瓶，再用少量稀释液冲洗乳钵中的残留样品 1 次～2 次，洗液放入锥形瓶，最后将剩余稀释液全部放入锥形瓶，充分振荡，制备 1∶10 的样品匀液。

二、增菌

2.1 定性检测

将制备的 1∶10 样品匀液于 36℃ ±1℃ 培养 8h～18h。

2.2 定量检测

2.2.1 用无菌吸管吸取 1∶10 样品匀液 1mL，注入含有 9mL 3% 氯化钠碱性蛋白胨水的试管内，振摇试管混匀，制备 1∶100 的样品匀液。

2.2.2 另取 1mL 无菌吸管，按 2.2.1 操作程序，依次制备 10 倍系列稀释样品匀液，每递增稀释一次，换用一支 1mL 无菌吸管。

2.2.3 根据对检样污染情况的估计，选择 3 个适宜的连续稀释度，每个稀释度接种 3 支含有 9mL 3% 氯化钠碱性蛋白胨水的试管，每管接种 1mL。置 36℃ ±1℃ 恒温箱内，培养 8h～18h。

2.3 分离

2.3.1 对所有显示生长的增菌液，用接种环在距离液面以下 1cm 内蘸取一环增菌液，于 TCBS 平板或弧菌显色培养基平板上划线分离。一支试管划线一块平板。于 36 ℃ ±1℃ 培养 18h～24h。

2.3.2 典型的副溶血性弧菌在 TCBS 上呈圆形、半透明、表面光滑的绿色菌落，用接种环轻触，有类似口香糖的质感，直径 2mm～3mm。从培养箱取出 TCBS 平板后，应尽快（不超过 1h）挑取菌落或标记要挑取的菌落。典型的副溶血性弧菌在弧菌显色培养基上的特征按照产品说明进行判定。

2.4 纯培养

挑取 3 个或以上可疑菌落，划线接种 3% 氯化钠胰蛋白胨大豆琼脂平板，36℃ ± 1℃培养 18h～24h。

2.5 初步鉴定

2.5.1 氧化酶试验：挑选纯培养的单个菌落进行氧化酶试验，副溶血性弧菌为氧化酶阳性。

2.5.2 涂片镜检：将可疑菌落涂片，进行革兰氏染色，镜检观察形态。副溶血性弧菌为革兰氏阴性，呈棒状、弧状、卵圆状等多形态，无芽孢，有鞭毛。

2.5.3 挑取纯培养的单个可疑菌落，转种 3% 氯化钠三糖铁琼脂斜面并穿刺底层，36℃ ±1℃培养 24h 观察结果。副溶血性弧菌在 3% 氯化钠三糖铁琼脂中的反应为底层变黄不变黑，无气泡，斜面颜色不变或红色加深，有动力。

2.5.4 嗜盐性试验：挑取纯培养的单个可疑菌落，分别接种 0%、6%、8% 和 10% 不同氯化钠浓度的胰胨水，36℃ ±1℃培养 24h，观察液体浑浊情况。副溶血性弧菌在无氯化钠和 10% 氯化钠的胰胨水中不生长或微弱生长，在 6% 氯化钠和 8% 氯化钠的胰胨水中生长旺盛。

2.6 确定鉴定

取纯培养物分别接种含 3% 氯化钠的甘露醇试验培养基、赖氨酸脱羧酶试验培养基、MR-VP 培养基，36℃ ± 1℃培养 24h～48h 后观察结果；3% 氯化钠三糖铁琼脂隔夜培养物进行 ONPG 试验。可选择生化鉴定试剂盒或全自动微生物生化鉴定系统。

2.7 血清学分型（选做项目）

2.7.1 制备

接种两管 3% 氯化钠胰蛋白胨大豆琼脂试管斜面，36℃ ±1℃培养 18h～24h。用含 3% 氯化钠的 5% 甘油溶液冲洗 3% 氯化钠胰蛋白胨大豆琼脂斜面培养物，获得浓厚的菌悬液。

2.7.2 K 抗原的鉴定

取一管 2.7.1 制备好的菌悬液，首先用多价 K 抗血清进行检测，出现凝集反应时再用单个的抗血清进行检测。用蜡笔在一张玻片上划出适当数量的间隔和一个对照间隔。在每个间隔内各滴加一滴菌悬液，并对应加入一滴 K 抗血清。在对照间隔内加一滴 3% 氯化钠溶液。轻微倾斜玻片，使各成分相混合，再前后倾动玻片 1min。阳性凝集反应可以立即观察到。

2.7.3　O抗原的鉴定

将另外一管的菌悬液转移到离心管内，121℃灭菌1h。灭菌后4000r/min离心15 min，弃去上层液体，沉淀用生理盐水洗3次，每次4000r/min离心15min，最后一次离心后留少许上层液体，混匀制成菌悬液。用蜡笔将玻片划分成相等的间隔。在每个间隔内加入一滴菌悬液，将O群血清分别加一滴到间隔内，最后一个间隔加一滴生理盐水作为自凝对照。轻微倾斜玻片，使各成分相混合，再前后倾动玻片1min。阳性凝集反应可以立即观察到。如果未见到与O群血清的凝集反应，将菌悬液121℃再次高压1h后，重新检测。如果仍为阴性，则培养物的O抗原属于未知。根据表7-1报告血清学分型结果。

表7-1　副溶血性弧菌的抗原

O群	K型
1	1, 5, 20, 25, 26, 32, 38, 41, 56, 58, 60, 64, 69
2	3, 28
3	4, 5, 6, 7, 25, 29, 30, 31, 33, 37, 43, 45, 48, 54, 56, 57, 58, 59, 72, 75
4	4, 8, 9, 10, 11, 12, 13, 34, 42, 49, 53, 55, 63, 67, 68, 73
5	15, 17, 30, 47, 60, 61, 68
6	18, 46
7	19
8	20, 21, 22, 39, 41, 70, 74
9	23, 44
10	24, 71
11	19, 36, 40, 46, 50, 51, 61
12	19, 52, 61, 66
13	65

2.8　神奈川试验（选做项目）

神奈川试验是在我妻氏琼脂上测试是否存在特定溶血素。神奈川试验阳性结果与副溶血性弧菌分离株的致病性显著相关。

用接种环将测试菌株的3%氯化钠胰蛋白胨大豆琼脂18h培养物点种于表面干燥的我妻氏血琼脂平板。每个平板上可以环状点种几个菌。36℃±1℃培养不超过24h，并立即观察。阳性结果为菌落周围呈半透明环的β溶血。

第五节　检测结果与鉴定

副溶血性弧菌菌落生化性状和与其他弧菌的鉴别情况分别见表 7-2 和表 7-3。根据检出的可疑菌落生化性状，按要求填写表 7-4 副溶血性弧菌检测记录，并如实报告 25g（mL）样品中检出副溶血性弧菌。如果进行定量检测，根据证实为副溶血性弧菌阳性的试管管数，查最可能数（MPN）检索表，报告每 g（mL）副溶血性弧菌的 MPN 值。

表 7-2　副溶血性弧菌的生化性状

试验项目	结果
革兰氏染色镜检	阴性，无芽孢
氧化酶	+
动力	+
蔗糖	−
葡萄糖	+
甘露醇	+
分解葡萄糖产气	−
乳糖	−
硫化氢	−
赖氨酸脱羧酶	+
V-P	−
ONPG	−
注：＋表示阳性；－表示阴性。	

表7-3 副溶血性弧菌主要性状与其他弧菌的鉴别

名称	氧化酶	赖氨酸	精氨酸	鸟氨酸	明胶	脲酶	V-P	42℃生长	蔗糖	D-纤维二糖	乳糖	阿拉伯糖	D-甘露糖	D-甘露醇	ONPG	嗜盐性试验氯化钠含量/%				
																0	3	6	8	10
副溶血性弧菌 V. parahaemolyticus	+	+	-	+	+	V	-	+	-	V	-	+	+	+	-	-	+	+	+	-
创伤弧菌 V. vulnificus	+	+	-	+	+	-	-	+	-	+	+	-	+	V	+	-	+	+	-	-
溶藻弧菌 V. alginolyticus	+	+	-	+	+	-	+	+	+	-	-	-	+	+	+	-	+	+	+	+
霍乱弧菌 V. cholerae	+	+	-	+	+	-	V	+	+	-	-	-	+	+	+	+	+	-	-	-
拟态弧菌 V. mimicus	+	+	-	+	+	-	-	+	-	-	-	-	+	+	+	+	+	-	-	-
河弧菌 V. fluvialis	+	-	+	-	+	-	-	V	+	+	-	+	+	+	+	-	+	+	V	-
弗氏弧菌 V. furnissii	+	-	+	-	+	-	-	-	+	-	-	+	+	+	+	-	+	+	+	-
梅氏弧菌 V. metschnikovii	-	+	+	-	+	-	+	V	+	-	-	-	+	+	+	-	+	+	V	-
霍利斯弧菌 V. hollisae	+	-	-	-	-	-	-	nd	-	-	-	+	+	-	-	-	+	+	-	-

注: + 表示阳性; - 表示阴性; nd 表示未试验; V 表示可变。

表 7-4 副溶血性弧菌（定性）检测记录

样品名称		检测日期	
取样数量		检验地点	
取样时间		检验方法依据	
取样地点		检测温度/湿度	
培养基名称		培养基批号	
培养基生产厂家			
设备名称			

检 验 结 果 记 录

培养温度：　　　　　　　　　　　　　　培养时间：

平板分离		TCBS 平板										

科玛嘉弧菌显色培养基平板

生化试验	革兰氏染色	氧化酶	动力	蔗糖	葡萄糖	甘露醇	分解葡萄糖产气	乳糖	硫化氢	赖氨酸脱羧酶	V-P	ONPG

说明：用+、-填写，其中+表示阳性，-表示阴性。

单项检验结论

备　注

检验人：　　　　　　　　　　　　复核人：
　　　年　月　日　　　　　　　　　　年　月　日

第六节　副溶血性弧菌的控制

预防措施与其他细菌类似。

1. 动物性食品应煮熟煮透再吃。

2. 隔餐的剩菜食前应充分加热。

3. 防止生熟食物操作时交叉污染。

4. 梭子蟹、蟛蜞、海蜇等水产品宜用饱和盐不浸渍保藏（并可加醋调味杀菌），食前用冷开水反复冲洗。

复习思考题

（一）判断题

沿海地区容易受到副溶血性弧菌危害。　　　　　　　　　　　　（　　　）

（二）选择题

1. 属于副溶血弧菌主要致病物质的毒素是（　　　）。

A. 耐热肠毒素　　　　　　　　　　　　　B. 不耐热肠毒素

C. 溶血素　　　　　　　　　　　　　　　D. 耐热直接溶血素

2. 多见于因食用污染的海产品而引起食物中毒的细菌是（　　　）。

A. 葡萄球菌　　　　B. 副溶血弧菌　　　　C. 霍乱弧菌　　　　D. 大肠杆菌

3. 副溶血弧菌的常用培养基是（　　　）。

A. 罗氏培养基　　　　　　　　　　　　　B. NaCl 培养基

C. 普通培养基　　　　　　　　　　　　　D. 吕氏培养基

4. 引起副溶血性弧菌感染的主要食品是（　　　）。

A. 谷类　　　　　　B. 豆类　　　　　　C. 肉类　　　　　　D. 海产品

E. 奶类

5. 检查副溶血性弧菌致病力的试验是（　　　）。

A. 肥达试验　　　　B. 锡克试验　　　　C. OT 试验　　　　D. 抗 "O" 试验

E. 神川奈试验

第八章　蜡样芽孢杆菌检验

知识目标

1. 了解食品安全与蜡样芽孢杆菌检验的意义。

2. 掌握蜡样芽孢杆菌的生物学特性。

3. 掌握国家标准（GB 4789.14—2014）中蜡样芽孢杆菌的检测方法及操作步骤。

能力目标

1. 掌握蜡样芽孢杆菌检验的生化试验的操作方法和结果的判断。

2. 掌握蜡样芽孢杆菌血清学试验方法。

3. 能熟练操作食品中蜡样芽孢杆菌的检测。

4. 能正确填写检验记录表，规范填写检测报告。

第一节　生物学特性

一、形态与染色

蜡样芽孢杆菌是革兰氏阳性杆菌，（1.0μm～1.2μm）×（3μm～5μm），菌体两端钝圆，有鞭毛，无荚膜，多呈短链状排列。该菌生长 6h 后即可形成芽孢，形成的芽孢小于菌体横径，位于中心或稍偏于一端，芽孢呈椭圆形。

二、培养特性

（1）需氧菌，生长温度范围在 10℃～45℃之间。最适生长温度为 28℃～35℃。

（2）在普通培养基上生长良好。本菌在普通琼脂平板上生长的菌落呈灰白色，不透明，直径 4mm～6mm，边缘不整齐，表面粗糙，呈毛玻璃状或白蜡状，边缘常呈扩展状。

（3）在血液琼脂平板上形成浅灰色、不透明、似毛玻璃状的菌落。菌落周围初呈草绿色溶血，时间稍长即完全透明。

（4）在甘露醇卵黄多黏菌素琼脂（MYP）平板上，菌落为粉红色（表示不发酵甘露醇），周围有粉红色的晕（表示产生卵磷脂酶）。

（5）在普通肉汤内生长迅速，肉汤浑浊，常常有菌膜或壁环，振摇易乳化。

三、生化特性

（1）能分解葡萄糖、麦芽糖、蔗糖、水杨苷，产酸不产气。

（2）不分解乳糖、甘露醇、阿拉伯糖、山梨醇、木糖。

（3）硝酸盐还原试验：阳性（红色）。

（4）V-P 试验：接种于改良 V-P 培养基中，35℃培养 48h。加 V-P 试剂及肌酸数滴，静止 1h，应为阳性反应（伊红色）。

（5）L- 酪氨酸分解试验：接种于 L- 酪氨酸琼脂培养基上，35℃培养 48h，阳性反应菌落周围培养基应出现澄清透明区（表示产生酪蛋白酶）。阴性时应继续培养 72h 再观察。

（6）溶菌酶试验：用直径 2mm 接种环取纯菌悬液一环，接种于溶菌酶肉汤中，35℃培养 24h。该菌在本培养基（含 0.001% 的溶菌酶）中能生长。如出现阴性反应，应继续培养 24h。

四、血清学特性

根据蜡状芽孢杆菌鞭毛抗原性将其分为 18 型。产生腹泻毒素的主要为 2、6、8、9、10 及 12 型。1、3、4、5、8 型可产生呕吐毒素。

五、抵抗力

蜡杆芽孢杆菌耐热，其 37℃ 16h 的肉汤培养物的 D80℃值（在 80℃时使细菌数减少 90% 所需的时间）为 10min～15min；使肉汤中细菌（2.4×10^7/mL）转为阴性需 100℃ 20min。其游离芽孢能耐受 100℃ 30min，而干热灭菌需 120℃ 60min 才能杀死。

对酸碱不敏感，pH 为 6～11 时对本菌基本上不受影响，pH 为 5 以下，生长可受到抑制。

六、流行病学和致病性

1. 流行病学

（1）细菌分布

蜡样芽孢杆菌在自然界分布广泛，常存在于土壤、灰尘和污水中，植物和许多生熟食品中常见。已从多种食品中分离出该菌，包括肉、乳制品、蔬菜、鱼、土豆、糊、酱油、布丁、炒米饭以及各种甜点等。在美国，炒米饭是引发蜡样芽孢杆菌呕吐型食物中毒的主要原因；在欧洲，该病大都由甜点、肉饼、色拉和奶、肉类食品引起；在我国，该病主要与受污染的米饭或淀粉类制品有关。

（2）流行情况

蜡样芽孢杆菌作为一种食源性疾病的报导较多，在各种食品中的检出率也较高。蜡样芽孢杆菌食物中毒通常以夏秋季（6月—10月）最高。引起中毒的食品是由于保存温度不当、放置时间较长。中毒的发病率较高，一般为60%～100%。但也有在可疑食品中找不到蜡样芽孢杆菌而引起食物中毒的情况，一般认为是由于蜡杆芽孢杆菌产生的热稳定毒素所致。

2. 致病性

食品蜡样芽孢杆菌数量达到 10^6/g（mL）时，常可导致食物中毒，导致中毒的主要原因是其产生的肠毒素。肠毒素可以分成两种：

①耐热性肠毒素，100℃ 30min 不能被破坏，常在米饭中形成。

②不耐热肠毒素：能在各种食物中形成。

蜡样芽孢杆菌食物中毒在临床上可分为呕吐型和腹泻型两类。

呕吐型中毒：多见于过剩米饭和油炒饭，由耐热性肠毒素为致病因素；潜伏期短，一般为2h～3h，最短为30min，最长为5h～6h；症状以呕吐、腹痉挛为主，腹泻则少见，一般经过 8h～10h 而治愈。

腹泻型中毒：由各种食品中不耐热肠毒素引起，潜伏期在6h以上，一般为6h～14h；症状以腹泻、腹痉挛常见，而呕吐却不常见；病程24h～36h。

第二节　检验原理

蜡样芽孢杆菌能发酵麦芽糖、蔗糖和水杨苷，不发酵乳糖、甘露醇、木糖、阿拉伯糖和山梨醇，卵磷脂酶、酪蛋白酶和过氧化氢酶试验阳性，溶血，能在24h内液化明胶和还原硝酸盐，在厌氧条件下能发酵葡萄糖。蜡样芽孢杆菌为需氧、能产生芽孢的革兰氏阳性杆菌，在自然界分布较广，食品在正常情况下就可能有此菌存在，易从各种食品中检出。

第三节　试验材料

一、培养基与试剂

1. 磷酸盐缓冲液（PBS）：见附录 A 中 A.47。

2. 甘露醇卵黄多黏菌素（MYP）琼脂：见附录 A 中 A.48。

3. 胰酪胨大豆多黏菌素肉汤：见附录 A 中 A.49。

4. 营养琼脂：见附录 A 中 A.50。

5. 过氧化氢溶液：见附录 A 中 A.51。

6. 动力培养基：见附录 A 中 A.52。

7. 硝酸盐肉汤：见附录 A 中 A.53。

8. 酪蛋白琼脂：见附录 A 中 A.54。

9. 硫酸锰营养琼脂培养基：见附录 A 中 A.55。

10. 0.5% 碱性复红：见附录 A 中 A.56。

11. 动力培养基：见附录 A 中 A.57。

12. 糖发酵管：见附录 A 中 A.58。

13. V-P 培养基：见附录 A 中 A.59。

14. 胰酪胨大豆羊血（TSSB）琼脂：见附录 A 中 A.60。

15. 溶菌酶营养肉汤：见附录 A 中 A.61。

16. 西蒙氏柠檬酸盐培养基：见附录 A 中 A.62。

17. 明胶培养基：见附录 A 中 A.63。

二、器具及其他用品

除微生物实验室常规灭菌及培养设备外，其他设备和材料如下。

1. 冰箱：2℃～5℃。

2. 恒温培养箱：30℃ ±1℃、36℃ ±1℃。

3. 均质器、电子天平：感量 0.1g。

4. 无菌锥形瓶：100mL、500mL。

5. 无菌吸管：1mL（具 0.01mL 刻度）、10mL（具 0.1mL 刻度）或微量移液器及吸头。

6. 无菌平皿：直径 90mm。

7. 无菌试管：18mm × 180mm。

8. 显微镜：10 倍～100 倍（油镜）。

9. L 涂布棒。

第四节　操作步骤

一、蜡样芽孢杆菌平板计数法（第一法）

1.1　检验程序

蜡样芽孢杆菌平板计数法检验程序见图 8-1。

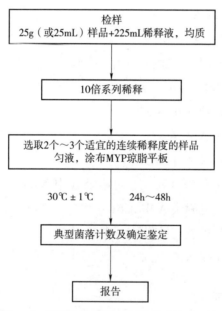

图 8-1　蜡样芽孢杆菌平板计数法检验程序

1.2　操作步骤

1.2.1　样品处理

冷冻样品应在 45℃以下不超过 15min 或在 2℃～5℃不超过 18h 解冻，若不能及时检验，应放于 -20℃～-10℃保存；非冷冻而易腐的样品应尽可能及时检验，若不能及时检验，应置于 2℃～5℃冰箱保存，24h 内检验。

1.2.2　样品制备

称取样品 25g，放入盛有 225mL PBS 或生理盐水的无菌均质杯内，用旋转刀片式均质器以 8000r/min～10000r/min 均质 1min～2min，或放入盛有 225mL PBS 或生理盐水的无菌均质袋中，用拍击式均质器拍打 1min～2min。若样品为液态，吸取 25mL 样品至盛有 225mL PBS 或生理盐水的无菌锥形瓶（瓶内可预置适当数量的无菌玻璃珠）中，振荡混匀，作为 1∶10 的样品匀液。

1.2.3　样品的稀释

吸取 1.2.2 中 1∶10 的样品匀液 1mL 加到装有 9mL PBS 或生理盐水的稀释管中，充分混匀制成 1∶100 的样品匀液。根据对样品污染状况的估计，按上述操作，依次制成 10 倍递增系列稀释样品匀液。每递增稀释 1 次，换用 1 支 1mL 无菌吸管或吸头。

1.2.4　样品接种

根据对样品污染状况的估计，选择 2 个～3 个适宜稀释度的样品匀液（液体样品可包括原液），以 0.3mL、0.3mL、0.4mL 接种量分别移入 3 块 MYP 琼脂平板，然后用无菌 L 棒涂布整个平板，注意不要触及平板边缘。使用前，如果 MYP 琼脂平板表面有水珠，可放在 25℃～50℃的培养箱里干燥，直到平板表面的水珠消失。

1.2.5　分离、培养

1.2.5.1　分离

在通常情况下，涂布后，将平板静置 10min。如样液不易吸收，可将平板放在 30℃±1℃培养箱中培养 1h，等样品匀液吸收后翻转平皿，倒置于培养箱，30℃±1℃培养 24h±2h。如果菌落不典型，可继续培养 24h±2h 再观察。在 MYP 琼脂平板上，典型菌落为微粉红色（表示不发酵甘露醇），周围有白色至淡粉红色沉淀环（表示产卵磷脂酶）。

1.2.5.2　纯培养

从每个平板（符合 1.4.1.1 要求的平板）中挑取至少 5 个典型菌落（小于 5 个全选），分别划线接种于营养琼脂平板作纯培养，30℃±1℃培养 24h±2h，进行确证试验。在营养琼脂平板上，典型菌落为灰白色，偶有黄绿色，不透明，表面粗糙似毛玻璃状或融蜡状，边缘常呈扩展状，直径为 4mm～10mm。

1.3　确定鉴定

1.3.1　染色镜检

挑取纯培养的单个菌落，革兰氏染色镜检。蜡样芽孢杆菌为革兰氏阳性芽孢杆菌，大小为（1μm～1.3μm）×（3μm～5μm），芽孢呈椭圆形位于菌体中央或偏端，不膨大于菌体，菌体两端较平整，多呈短链或长链状排列。

1.3.2　生化鉴定

1.3.2.1　概述

挑取纯培养的单个菌落，进行过氧化氢酶试验、动力试验、硝酸盐还原试验、酪蛋白分解试验、溶菌酶耐性试验、V-P 试验、葡萄糖利用（厌氧）试验、根状生长试

验、溶血试验、蛋白质毒素结晶试验。

1.3.2.2 动力试验

用接种针挑取培养物穿刺接种于动力培养基中，30℃培养24h。有动力的蜡样芽孢杆菌应沿穿刺线呈扩散生长，而蕈状芽孢杆菌常呈"绒毛状"生长。也可用悬滴法检查。

1.3.2.3 溶血试验

挑取纯培养的单个可疑菌落接种于TSSB琼脂平板上，30℃±1℃培养24h±2h。蜡样芽孢杆菌菌落为浅灰色，不透明，似白色毛玻璃状，有草绿色溶血环或完全溶血环。苏云金芽孢杆菌和蕈状芽孢杆菌呈现弱的溶血现象，而多数炭疽芽孢杆菌为不溶血，巨大芽孢杆菌为不溶血。

1.3.2.4 根状生长试验

挑取单个可疑菌落按间隔2cm~3cm距离划平行直线于经室温干燥1d~2d的营养琼脂平板上，30℃±1℃培养24h~48h，不能超过72h。用蜡样芽孢杆菌和蕈状芽孢杆菌标准株作为对照进行同步试验。蕈状芽孢杆菌呈根状生长的特征。蜡样芽孢杆菌菌株呈粗糙山谷状生长的特征。

1.3.2.5 溶菌酶耐性试验

用接种环取纯菌悬液一环，接种于溶菌酶肉汤中，36℃±1℃培养24h。蜡样芽孢杆菌在本培养基（含0.001%溶菌酶）中能生长。如出现阴性反应，应继续培养24h。巨大芽孢杆菌不生长。

1.3.2.6 蛋白质毒素结晶试验

挑取纯培养的单个可疑菌落接种于硫酸锰营养琼脂平板上，30℃±1℃培养24h±2h，并于室温放置3d~4d，挑取培养物少许于载玻片上，滴加蒸馏水混匀并涂成薄膜。经自然干燥、微火固定后，加甲醇作用30s后倾去，再通过火焰干燥，于载玻片上滴满0.5%碱性复红，放火焰上加热（微见蒸气，勿使染液沸腾）持续1min~2min，移去火焰，更换染色液再次加温染色30s，倾去染液用洁净自来水彻底清洗、晾干后镜检。观察有无游离芽孢（浅红色）和染成深红色的菱形蛋白结晶体。如发现游离芽孢形成不丰富，应再将培养物置室温2d~3d后进行检查。除苏云金芽孢杆菌外，其他芽孢杆菌不产生蛋白结晶体。

1.3.3 生化分型（选做项目）

根据对柠檬酸盐利用、硝酸盐还原、淀粉水解、V-P试验反应、明胶液化试验，将蜡样芽孢杆菌分成不同生化型别。

1.4 结果计算

1.4.1 典型菌落计数和确认

1.4.1.1 选择有典型蜡样芽孢杆菌菌落的平板，且同一稀释度3个平板所有菌落数合计在 20 CFU～200CFU 之间的平板，计数典型菌落数。如果出现 a）～f）现象按 1.4.2.1 中式（8-1）计算，如果出现 g）现象则按 1.4.2.2 中式（8-2）计算。

　　a）只有一个稀释度的平板菌落数在 20 CFU～200 CFU 之间且有典型菌落，计数该稀释度平板上的典型菌落；

　　b）2 个连续稀释度的平板菌落数均在 20CFU～200CFU 之间，但只有一个稀释度的平板有典型菌落，应计数该稀释度平板上的典型菌落；

　　c）所有稀释度的平板菌落数均小于 20CFU 且有典型菌落，应计数最低稀释度平板上的典型菌落；

　　d）某一稀释度的平板菌落数大于 200CFU 且有典型菌落，但下一稀释度平板上没有典型菌落，应计数该稀释度平板上的典型菌落；

　　e）所有稀释度的平板菌落数均大于 200CFU 且有典型菌落，应计数最高稀释度平板上的典型菌落；

　　f）所有稀释度的平板菌落数均不在 20CFU～200CFU 之间且有典型菌落，其中一部分小于 20CFU 或大于 200CFU 时，应计数最接近 20CFU 或 200CFU 的稀释度平板上的典型菌落；

　　g）2 个连续稀释度的平板菌落数均在 20CFU～200CFU 之间且均有典型菌落。

　　1.4.1.2　从每个平板中至少挑取 5 个典型菌落（小于 5 个全选），划线接种于营养琼脂平板做纯培养，30℃ ±1℃培养 24h ± 2h。

　　1.4.2　计算公式

　　1.4.2.1　菌落计算见式（8-1）。

$$T = \frac{AB}{Cd} \tag{8-1}$$

式中：

T——样品中蜡样芽孢杆菌菌落数；

A——某一稀释度蜡样芽孢杆菌典型菌落的总数；

B——鉴定结果为蜡样芽孢杆菌的菌落数；

C——用于蜡样芽孢杆菌鉴定的菌落数；

d——稀释因子。

　　1.4.2.2　菌落计算见式（8-2）。

$$T = \frac{A_1 B_1 / C_1 + A_2 B_2 / C_2}{1.1d} \tag{8-2}$$

式中：

T——样品中蜡样芽孢杆菌菌落数；

A_1——第一稀释度（低稀释倍数）蜡样芽孢杆菌典型菌落的总数；

B_1——第一稀释度（低稀释倍数）鉴定结果为蜡样芽孢杆菌的菌落数；

C_1——第一稀释度（低稀释倍数）用于蜡样芽孢杆菌鉴定的菌落数；

A_2——第二稀释度（高稀释倍数）蜡样芽孢杆菌典型菌落的总数；

B_2——第二稀释度（高稀释倍数）鉴定结果为蜡样芽孢杆菌的菌落数；

C_2——第二稀释度（高稀释倍数）用于蜡样芽孢杆菌鉴定的菌落数；

1.1——计算系数（如果第二稀释度蜡样芽孢杆菌鉴定结果为 0，计算系数采用 1）；

d——稀释因子（第一稀释度）。

1.5 结果与报告

1.5.1 根据 MYP 平板上蜡样芽孢杆菌的典型菌落数，按式（8-1）、式（8-2）计算，报告每 g（mL）样品中蜡样芽孢杆菌菌数，以 CFU/g（mL）表示；如 T 值为 0，则以小于 1 乘以最低稀释倍数报告。

1.5.2 必要时报告蜡样芽孢杆菌生化分型结果。

二、蜡样芽孢杆菌 MPN 计数法（第二法）

2.1 检验程序

蜡样芽孢杆菌 MPN 计数法检验程序见图 8-2。

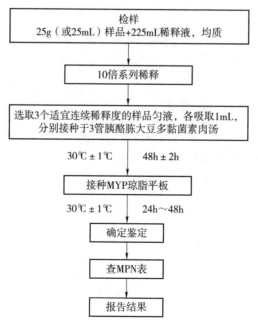

图 8-2 蜡样芽孢杆菌 MPN 计数法检验程序

2.2　操作步骤

2.2.1　样品处理

同 1.2.1。

2.2.2　样品制备

同 1.2.2。

2.2.3　样品的稀释

同 1.2.3。

2.2.4　样品接种

取 3 个适宜连续稀释度的样品匀液（液体样品可包括原液），接种于 10mL 胰酪胨大豆多黏菌素肉汤中，每一稀释度接种 3 管，每管接种 1mL（如果接种量需要超过 1mL，则用双料胰酪胨大豆多黏菌素肉汤）。于 30℃±1℃培养 48h±2h。

2.2.5　培养

用接种环从各管中分别移取 1 环，划线接种到 MYP 琼脂平板上，30℃±1℃培养 24h±2h。如果菌落不典型，可继续培养 24h±2h 再观察。

2.2.6　确定鉴定

从每个平板选取 5 个典型菌落（小于 5 个全选），划线接种于营养琼脂平板作纯培养，30℃±1℃培养 24h±2h，进行确证试验，见 1.3。

2.3　结果与报告

根据证实为蜡样芽孢杆菌阳性的试管管数，查 MPN 检索表（见附录 B），报告每 g（mL）样品中蜡样芽孢杆菌的最可能数，以 MPN/g（mL）表示。

第五节　检测结果与鉴定

根据检出的可疑菌落生化性状，并如实报告 25g（mL）样品中检出副溶血性弧菌。如果进行定量检测，根据证实为蜡样芽孢杆菌阳性的试管管数，查最可能数（MPN）检索表，报告每 g（mL）副溶血性弧菌的 MPN 值。

第六节　蜡样芽孢杆菌的控制

蜡状芽孢杆菌污染牧场环境和生乳，既有致病性，也影响牛奶的质量，可造成牛奶的"甜酪"和"凝结乳脂"现象，导致淡炼乳出现凝块、苦味、酸味和腐败味。想要防止蜡样芽孢杆菌污染乳制品，尤其是防止婴幼儿奶粉的污染，预防可能危害人体健康的潜在危险产生，就必须从原料乳开始，对生产的各个环节和可能产生污染的各种可能性进行分析，并制订相应的预防措施，建立监测方法，将原料乳生产中微生物指标提前控制，尤其要控制芽孢的数量，使其危害程度降到最低。

建立并严格执行行之有效的 HACCP（危害分析和关键控制点）系统，并把肠杆菌科作为生产线的卫生指标菌。要防止蜡样芽孢杆菌的污染，必须在乳制品加工过程中对各个环节进行严格消毒，同时通过适当巴氏杀菌、超高温杀菌或其他高温工艺彻底杀灭该菌。

复习思考题

1. 剩米饭、米粉食物中毒的致病菌是（ ）。

A. 致病性大肠杆菌　　　　　　　　B. 肉毒梭菌

C. 蜡样芽孢杆菌　　　　　　　　　D. 产气荚膜梭菌

E. 副溶血性弧菌

2. 下列属于蜡样芽孢杆菌特点的是（ ）。

A. 产生肠毒素，包括腹泻毒素和呕吐毒素

B. 有明显的季节性

C. 腹泻毒素耐热

D. 引起食物中毒主要以海产品为主

E. 革兰氏阳性菌

3. 下列原因可能导致蜡样芽孢杆菌超标的是（ ）。

A. 混料在前处理暂存时间较长，胶体内部挂壁

B. 消毒频次不能被有效执行

C. 原奶未及时巴氏杀菌，导致菌体大量繁殖

D. 管道等未清洗干净，管道等挂垢

4. 常用于蜡样芽孢杆菌的选择性培养基有（ ）。

A. SS　　　　　　　B. HE　　　　　　　C. EMB　　　　　　　D. MYP

E. DHL

第九章 志贺氏菌检验

知识目标

1. 了解食品安全与志贺氏菌检验的意义。

2. 掌握志贺氏菌的生物学特性。

3. 掌握国家标准（GB 4789.5—2012）中志贺氏菌的检测方法及操作步骤。

能力目标

1. 掌握志贺氏菌检验的生化试验的操作方法和结果的判断。

2. 掌握志贺氏菌属血清学试验方法。

3. 能熟练操作食品中志贺氏菌的检测。

4. 能正确填写检验记录表，规范填写检测报告。

第一节 生物学特性

一、形态与染色

志贺氏菌为革兰氏阴性杆菌，是人类细菌性痢疾最为常见的病原菌，主要流行于发展中国家，通称痢疾杆菌。菌体短小，长 2μm～3μm，宽 0.5μm～0.7μm。不形成芽孢，无荚膜，无鞭毛，有菌毛。为兼性厌氧菌，在有氧和无氧条件下均能生长；最适生长温度为 36℃，最适 pH 为 7.2～7.4；36℃培养 18h～24h 后菌落呈圆形、微凸、光滑湿润、无色、半透明、边缘整齐，直径约 2mm，宋内氏志贺氏菌菌落一般较大，较不透明，并常出现扁平的粗糙型菌落。在液体培养基中呈均匀浑浊生长，无菌膜形成。

二、培养特性

（1）需氧或兼氧性厌氧，最适生长温度 37℃，pH7.2～7.4。

（2）在普通琼脂和 SS 平板上能形成圆形、微凸、光滑湿润、无色半透明、边缘整齐、中等大小的菌落。

（3）宋内氏志贺氏菌菌落较大，较不透明，粗糙而扁平，在 SS 平板上可发酵乳糖，菌落呈玫瑰红色。

（4）在肉汤中呈均匀浑浊生长，无菌膜。

三、生化特性

（1）发酵葡萄糖，产酸不产气，除宋内氏志贺氏菌外，均不发酵乳糖。宋内氏志贺氏菌能迟缓发酵乳糖（37℃，3d～4d）。

（2）不发酵侧金盏花醇、肌醇、水杨苷。

（3）不产生 H_2S，不分解尿素，V-P 试验阴性，不能利用柠檬酸盐。

（4）甲基红阳性。

四、血清学特性

志贺氏菌有 K 抗原和 O 抗原，而无 H 抗原。K 抗原是指自患者新分离的某些菌株的菌体表面抗原，不耐热，加热至100℃，1h 被破坏。K 抗原在血清学分型上无意义，但可阻止 O 抗原与相应抗血清的凝集反应。

O 抗原分为群特异性抗原和型特异性抗原，前者常在几种近似的菌种间出现；型特异性抗原的特异性高，用于区别菌型。根据志贺氏菌抗原构造的不同，可分为四群48 个血清型（包括亚型）。

（1）A 群：又称痢疾志贺氏菌，通称志贺氏痢疾杆菌。不发酵甘露醇。有12 个血清型，其中 8 型又分为 3 个亚型。

（2）B 群：又称福氏志贺氏菌，通称福氏痢疾杆菌。发酵甘露醇。有15 个血清型（含亚型及变种），抗原构造复杂，有群抗原和型抗原。根据型抗原的不同，分为6 型，又根据群抗原的不同将型分为亚型；X、Y 变种没有特异性抗原，仅有不同的群抗原。

（3）C 群：又称鲍氏志贺氏菌，通称鲍氏痢疾杆菌。发酵甘露醇，有18 个血清型，各型间无交叉反应。

（4）D 群：又称宋内氏志贺氏菌，通称宋内氏痢疾杆菌。发酵甘露醇，并迟缓发酵乳糖，一般需要 3d～4d。只有一个血清型。有 2 个变异相，即 I 相和 II 相，I 相为S 型，II 相为 R 型。

根据志贺氏菌的菌型分布调查，我国一些主要城市在过去二三十年中均以福氏菌为主，其中又以 2a 亚型、3 型多见，其次为宋内氏志贺氏菌，鲍氏菌则较少见。志贺氏菌 I 型的细菌性痢疾已发展为世界性流行趋势，我国至少在 10 个省区发生了不同规模流行。了解菌群分布与菌型变迁情况对制备菌苗、预防菌痢具有重大意义。

五、变异性

（1）S-R 型变异：宋内氏痢疾杆菌多为 R 型。当菌落变异时，常伴有生化反应、抗原构造和致病性的改变。

（2）耐药性变异：由于广泛使用抗生素，志贺氏菌的耐药菌株不断增加，给防治工作带来诸多困难。

（3）营养缺陷型变异：南斯拉夫首创的依赖链霉素的志贺氏菌株（依链株，Sd）作为口服菌苗可预防志贺氏菌痢疾。

六、抵抗力

志贺氏菌属在外界环境中的生存力和对理化因素的抵抗力较其他肠道杆菌弱，对酸敏感。在外界环境中的抵抗能力以宋内氏菌最强，福氏菌次之，志贺氏菌最弱。一般在潮湿土壤中可存活 34d，37℃水中可存活 20d，在粪便内（室温）可存活 11d，在冰块中可存活 96d，蝇肠内可存活 9d～10d。

一般 56℃～60℃经 10min 即被杀死。对化学消毒剂敏感，1% 石碳酸 15min～30min 死亡。对氯霉素、磺胺类、链霉素敏感，但易产生耐药性。

七、流行病学和致病性

1. 流行病学

（1）传播途径

志贺氏菌属是人类细菌性痢疾最为常见的病原菌，主要为粪-口途径传播。痢疾杆菌随患者或带菌者的粪便排出，通过受污染食物、水、日常接触、苍蝇等传播，很低的剂量即可感染。

（2）临床表现

细菌性痢疾是最常见的肠道传染病，夏秋两季患者最多。最常见的症状是腹泻（水腹泻）、发烧、恶心、呕吐、胃抽筋、肠胃气胀和便秘。大便可能包含血液、黏液或脓。在极少数情况下年幼的儿童可能癫痫。症状潜伏期可达一周之久，但最常开始为感染后 2d～4d。症状通常几天后消失，但零星病例表明志贺氏杆菌可以持续几个星期之久。志贺氏菌是导致全球范围内的反应性关节炎的致病原因之一。

志贺氏肝菌的并发症通常为溶血性尿毒症，表现为血便、肾衰竭（通常由于病原菌的毒素通过血液循环流入肾内）和中枢神经系统失调（central nercous system disturbance）。

部分患者可成为带菌者，带菌者不得从事饮食业、炊事及保育工作。

（3）治疗方法

一般案例通常用口服补液和电解液；严重痢疾治疗可用静脉注射或抗体治疗例如，氨苄西林或氟喹诺酮类药物环丙沙星和相对补液等。

（4）免疫性

病后免疫力不牢固，不能防止再感染。但同一流行期中再感染者较少，即具有型特异性免疫。痢疾杆菌菌型多，各型间无交叉免疫。机体对菌痢的免疫主要依靠肠道的局部免疫，即肠道黏膜细胞吞噬能力的增强和 sIgA 的作用。sIgA 可阻止痢疾杆菌黏附到肠黏膜上皮细胞表面，病后 3d 左右即出现，但维持时间短，由于痢疾杆菌不侵入血液，故血清型抗体（IgM、IgG）不能发挥作用。

2. 致病性

志贺氏菌的菌毛能黏附于回肠末端和结肠黏膜的上皮细胞表面，继而在侵袭蛋白作用下穿入上皮细胞内，一般在黏膜固有层繁殖形成感染灶。志贺氏菌的致病因素包括侵袭力、内毒素、外毒素。

（1）侵袭力：志贺氏菌的菌毛能黏附于回肠末端和结肠黏膜的上皮细胞表面，继而在侵袭蛋白作用下穿入上皮细胞内，一般在黏膜固有层繁殖形成感染灶。此外，凡具有 K 抗原的痢疾杆菌，一般致病力较强。

（2）内毒素：各型痢疾杆菌都具有强烈的内毒素。内毒素作用于肠壁，使其通透性增高，促进内毒素吸收，引起发热、神志障碍、甚至中毒性休克等。内毒素能破坏黏膜，形成炎症、溃疡，出现典型的脓血黏液便。内毒素还作用于肠壁植物神经系统，致肠功能紊乱、肠蠕动失调和痉挛，尤其直肠括约肌痉挛最为明显，出现腹痛、里急后重（频繁便意）等症状。

（3）外毒素：志贺氏菌 A 群 Ⅰ 型及部分 Ⅱ 型菌株还可产生外毒素，称志贺氏毒素。为蛋白质，不耐热，75℃～80℃ 1h 被破坏。该毒素具有三种生物活性：①神经毒性，将毒素注射家兔或小鼠，作用于中枢神经系统，引起四肢麻痹、死亡；②细胞毒性，对人肝细胞、猴肾细胞和 HeLa 细胞均有毒性；③肠毒性，具有类似大肠杆菌、霍乱弧菌肠毒素的活性，可以解释疾病早期出现的水样腹泻。

第二节　检验原理

志贺氏菌属的细菌（通称痢疾杆菌）是细菌性痢疾的病原菌。临床上能引起痢疾症状的病原生物很多，有志贺氏菌、沙门氏菌、变形杆菌、大肠杆菌等，还有阿米巴原虫、鞭毛虫以及病毒等均可引起人类痢疾，其中以志贺氏菌引起的细菌性痢疾最为常见。人类对痢疾杆菌有很高的易感性。在幼儿可引起急性中毒性菌痢，死亡率甚高。所以在食物和饮用水的卫生检验时，常以是否含有志贺氏作为指标。

第三节　试验材料

一、培养基与试剂

1. 志贺氏菌增菌肉汤－新生霉素：见附录 A 中 A.64。

2. 麦康凯（MAC）琼脂：见附录 A 中 A.65。

3. 木糖赖氨酸脱氧胆酸盐（XLD）琼脂：见附录 A 中 A.66。

4. 志贺氏菌显色培养基。

5. 三糖铁（TSI）琼脂：见附录 A 中 A.67。

6. 营养琼脂斜面：见附录 A 中 A.68。

7. 半固体琼脂：见附录 A 中 A.69。

8. 葡萄糖铵培养基：见附录 A 中 A.70。

9. 尿素琼脂：见附录 A 中 A.71。

10. β- 半乳糖苷酶培养基：见附录 A 中 A.72。

11. 氨基酸脱羧酶试验培养基：见附录 A 中 A.73。

12. 糖发酵管：见附录 A 中 A.74。

13. 西蒙氏柠檬酸盐培养基：见附录 A 中 A.75。

14. 黏液酸盐培养基：见附录 A 中 A.76。

15. 蛋白胨水、靛基质试剂：见附录 A 中 A.77。

16. 志贺氏菌属诊断血清。

17. 生化鉴定试剂盒。

二、器具及其他用品

除微生物实验室常规灭菌及培养设备外，其他设备和材料如下。

1. 恒温培养箱：36℃ ±1℃。

2. 冰箱：2℃～5℃。

3. 膜过滤系统。

4. 厌氧培养装置：41.5℃ ±1℃。

5. 电子天平：感量 0.1g。

6. 显微镜：10×～100×。

7. 均质器。

8. 振荡器。

9. 无菌吸管：1mL（具 0.01mL 刻度）、10mL（具 0.1mL 刻度）或微量移液器及吸头。

10. 无菌均质杯或无菌均质袋：容量 500mL。

11. 无菌培养皿：直径 90mm。

12. pH 计、pH 比色管或精密 pH 试纸。

13. 全自动微生物生化鉴定系统。

第四节　操作步骤

志贺氏菌检验程序见图 9-1。

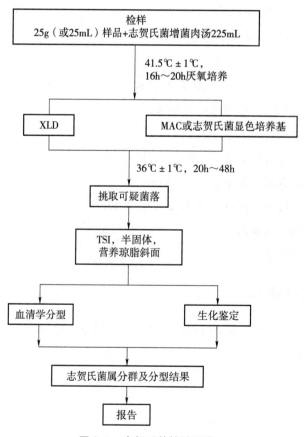

图 9-1　志贺氏菌检验程序

一、增菌

以无菌操作取检样 25g（mL），加入装有灭菌 225mL 志贺氏菌增菌肉汤的均质杯，用旋转刀片式均质器以 8000r/min～10000r/min 均质；或加入装有 225mL 志贺氏菌增菌肉汤的均质袋中，用拍击式均质器连续均质 1min～2min，液体样品振荡混匀即可。于 41.5℃ ±1℃厌氧培养 16h～20h。

二、分离

取增菌后的志贺氏增菌液分别划线接种于 XLD 琼脂平板和 MAC 琼脂平板或志贺氏菌显色培养基平板上，于 36℃ ±1℃培养 20h～24h，观察各个平板上生长的菌落形态。宋内氏志贺氏菌的单个菌落直径大于其他志贺氏菌。若出现的菌落不典型或菌落较小不易观察，则继续培养至 48h 再进行观察。志贺氏菌在不同选择性琼脂平板上的菌落特征见表 9-1。

表 9-1　志贺氏菌在不同选择性琼脂平板上的菌落特征

选择性琼脂平板	志贺氏菌的菌落特征
MAC 琼脂	无色至浅粉红色，半透明、光滑、湿润、圆形、边缘整齐或不齐
XLD 琼脂	粉红色至无色，半透明、光滑、湿润、圆形、边缘整齐或不齐
志贺氏菌显色培养基	按照显色培养基的说明书进行判定

三、初步生化试验

（1）自选择性琼脂平板上分别挑取 2 个以上典型或可疑菌落，分别接种 TSI、半固体和营养琼脂斜面各一管，置 36℃ ±1℃培养 20h～24h，分别观察结果。

（2）凡是三糖铁琼脂中斜面产碱、底层产酸（发酵葡萄糖，不发酵乳糖、蔗糖）、不产气（福氏志贺氏菌 6 型可产生少量气体）、不产硫化氢、半固体管中无动力的菌株，挑取其上一步骤中已培养的营养琼脂斜面上生长的菌苔，进行生化试验和血清学分型。

四、生化试验及附加生化试验

1. 生化试验

用上一步骤中已培养的营养琼脂斜面上生长的菌苔，进行生化试验，即 β- 半乳糖苷酶、尿素、赖氨酸脱羧酶、鸟氨酸脱羧酶以及水杨苷和七叶苷的分解试验。除宋内氏志贺氏菌、鲍氏志贺氏菌 13 型的鸟氨酸阳性；宋内氏志贺氏菌和痢疾志贺氏菌

1型、鲍氏志贺氏菌13型的 β- 半乳糖苷酶为阳性以外，其余生化试验志贺氏菌属的培养物均为阴性结果。另外由于福氏志贺氏菌6型的生化特性和痢疾志贺氏菌或鲍氏志贺氏菌相似，必要时还需加做靛基质、甘露醇、棉子糖、甘油试验，也可做革兰氏染色检查和氧化酶试验，应为氧化酶阴性的革兰氏阴性杆菌。生化反应不符合的菌株，即使能与某种志贺氏菌分型血清发生凝集，仍不得判定为志贺氏菌属。志贺氏菌属生化特性见表9-2。

表9-2 志贺氏菌属四个群的生化特征

生化反应	A群：痢疾志贺氏菌	B群：福氏志贺氏菌	C群：鲍氏志贺氏菌	D群：宋内氏志贺氏菌
β- 半乳糖苷酶	$-^a$	$-$	$-^a$	$+$
尿素	$-$	$-$	$-$	$-$
赖氨酸脱羧酶	$-$	$-$	$-$	$-$
鸟氨酸脱羧酶	$-$	$-$	$-^b$	$+$
水杨苷	$-$	$-$	$-$	$-$
七叶苷	$-$	$-$	$-$	$-$
靛基质	$-/+$	$(+)$	$-/+$	$-$
甘露醇	$-$	$+^c$	$+$	$+$
棉子糖	$-$	$+$	$-$	$+$
甘油	$(+)$	$-$	$(+)$	d

注：+ 表示阳性；－ 表示阴性；-/+ 表示多数阴性；+/- 表示多数阳性；（+）表示迟缓阳性；d 表示有不同生化型。

a 痢疾志贺 1 型和鲍氏 13 型为阳性。
b 鲍氏 13 型为鸟氨酸阳性。
c 福氏 4 型和 6 型常见甘露醇阴性变种。

2. 附加生化试验

由于某些不活泼的大肠埃希氏菌、A-D（Alkalescens-Disparbiotypes，碱性－异型）菌的部分生化特征与志贺氏菌相似，并能与某种志贺氏菌分型血清发生凝集；因此前面生化试验符合志贺氏菌属生化特性的培养物还需另加葡萄糖胺、西蒙氏柠檬酸盐、黏液酸盐试验（36℃培养24h～48h）。志贺氏菌属和不活泼大肠埃希氏菌、A-D菌的生化特性区别见表9-3。

表 9-3　志贺氏菌属和不活泼大肠埃希氏菌、A-D 菌的生化特性区别

生化反应	A 群：痢疾志贺氏菌	B 群：福氏志贺氏菌	C 群：鲍氏志贺氏菌	D 群：宋内氏志贺氏菌	不活泼大肠埃希氏菌	A-D 菌
葡萄糖铵	-	-	-	-	+	+
西蒙氏柠檬酸盐	-	-	-	-	d	d
黏液酸盐	-	-	-	d	+	d

注 1：+ 表示阳性；- 表示阴性；d 表示有不同生化型。

注 2：在葡萄糖铵、西蒙氏柠檬酸盐、黏液酸盐试验三项反应中志贺氏菌一般为阴性，而不活泼大肠埃希氏菌、A-D 菌至少有一项反应为阳性。

3. 结果判定

如选择生化鉴定试剂盒或全自动微生物生化鉴定系统，可根据初步生化试验第 1 步的初步判断结果，用初步生化试验第 1 步中已培养的营养琼脂斜面上生长的菌苔，使用生化鉴定试剂盒或全自动微生物生化鉴定系统进行鉴定。

五、血清学鉴定

1. 抗原的准备

志贺氏菌属没有动力，所以没有鞭毛抗原。志贺氏菌属主要有菌体（O）抗原。菌体 O 抗原又可分为型和群的特异性抗原。一般采用 1.2%～1.5% 琼脂培养物作为玻片凝集试验用的抗原。

注 1：一些志贺氏菌如果因为 K 抗原的存在而不出现凝集反应时，可挑取菌苔于 1mL 生理盐水做成浓菌液，100℃煮沸 15min～60min 去除 K 抗原后再检查。

注 2：D 群志贺氏菌既可能是光滑型菌株也可能是粗糙型菌株，与其他志贺氏菌群抗原不存在交叉反应。与肠杆菌科不同，宋内氏志贺氏菌粗糙型菌株不一定会自凝。宋内氏志贺氏菌没有 K 抗原。

2. 凝集反应

在玻片上划出 2 个约 1cm×2cm 的区域，挑取一环待测菌，各放 1/2 环于玻片上的每一区域上部，在其中一个区域下部加 1 滴抗血清，在另一区域下部加入 1 滴生理盐水，作为对照。再用无菌的接种环或针分别将两个区域内的菌落研成乳状液。将玻片倾斜摇动混合 1min，并对着黑色背景进行观察，如果抗血清中出现凝结成块的颗粒，而且生理盐水中没有发生自凝现象，那么凝集反应为阳性。如果生理盐水中出现凝集，视作为自凝。这时，应挑取同一培养基上的其他菌落继续进行试验。

如果待测菌的生化特征符合志贺氏菌属生化特征，而其血清学试验为阴性的话，则按血清学鉴定第 1 步注 1 进行试验。

3. 血清学分型（选做项目）

先用 4 种志贺氏菌多价血清检查，如果呈现凝集，则再用相应各群多价血清分别试验。先用 B 群福氏志贺氏菌多价血清进行试验，如呈现凝集，再用其群和型因子血清分别检查。如果 B 群多价血清不凝集，则用 D 群宋内氏志贺氏菌血清进行试验，如呈现凝集，则用其 I 相和 II 相血清检查；如果 B 群、D 群多价血清都不凝集，则用 A 群痢疾志贺氏菌多价血清及 1~12 各型因子血清检查，如果上述 3 种多价血清都不凝集，可用 C 群鲍氏志贺氏菌多价检查，并进一步用 1~18 各型因子血清检查。福氏志贺氏菌各型和亚型的型抗原和群抗原鉴别见表 9-4。

表 9-4　福氏志贺氏菌各型和亚型的型抗原和群抗原的鉴别表

型和亚型	型抗原	群抗原	在群因子血清中的凝集		
			3, 4	6	7, 8
1a	I	4	+	−	−
1b	I	(4), 6	(+)	+	−
2a	II	3, 4	+	−	−
2b	II	7, 8	−	−	+
3a	III	(3, 4), 6, 7, 8	(+)	+	+
3b	III	(3, 4), 6	(+)	+	−
4a	IV	3, 4	+	−	−
4b	IV	6	−	+	−
4c	IV	7, 8	−	−	+
5a	V	(3, 4)	(+)	−	−
5b	V	7, 8	−	−	+
6	VI	4	+	−	−
X	−	7, 8	−	−	+
Y	−	3, 4	+	−	−

注：+ 表示凝集；− 表示不凝集；( ) 表示有或无。

第五节　检测结果与鉴定

综合以上生化试验和血清学鉴定的结果，报告 25g（mL）样品中检出或未检出志贺氏菌。

第六节　志贺氏菌的控制

　　志贺氏菌病常为食源性疾病暴发型或水源性疾病暴发型。与志贺氏菌病相关的食品包括沙拉（土豆、金枪鱼、虾、通心粉、鸡）、生的蔬菜、奶和奶制品、水果、面包制品、汉堡包和有鳍鱼类。志贺氏菌在拥挤和不卫生条件下能迅速传播，经常发现于人员大量集中的地方（如餐厅、食堂）。食源性志贺氏菌病流行的最主要原因是从事食品加工行业人员患菌痢或带菌者污染食品，接触食品人员个人卫生差，存放已污染的食品温度不适当等，预防控制志贺氏菌病流行最好的措施是良好的个人卫生和健康教育，水源和污水的卫生处理也能防止水源性志贺氏菌病的暴发。可疑的食品包括在食用前用手处理过或经轻微加热的食品、动物性食品或消费者直接入口的食物，且其酸度范围在 pH 5.5～6.5 之间。一般来说，食品中含有大肠菌群、大肠杆菌和沙门氏菌时，含有志贺氏菌的可能性极大。菌痢的防治除对急性菌痢、慢性菌痢和各种带菌者采取"三早"措施（早期诊断、早期隔离和早期治疗）以消灭传染源外，应采取以切断传染途径为主的综合性措施。开展爱国卫生运动，抓好食品加工饮食服务行业的管理，对从事食品加工工作的人员应定期做带菌者检查。

复习思考题

　　（一）判断题

　　1.志贺氏菌的形态特征是革兰氏阴性杆菌、无芽孢、无荚膜、无鞭毛、运动、有菌毛。　　　　　　　　　　　　　　　　　　　　　　　　　　　　（　　）

　　2.志贺氏菌能发酵葡萄糖产酸产气，也能分解蔗糖、水杨素和乳糖。　（　　）

　　（二）选择题

　　1.志贺氏菌感染中，哪一项不正确？（　　　）

　　A.传染源是病人和带菌者，无动物宿主

　　B.宋内氏志贺氏菌多引起轻型感染

　　C.福氏志贺氏菌感染易转变为慢性

　　D.感染后免疫期长

2. 可以产生肠毒素的细菌是（　　　）。

A. 痢疾志贺氏菌　　　　　　　　　B. 福氏志贺氏菌

C. 鲍氏志贺氏菌　　　　　　　　　D. 宋内氏志贺氏菌

3. 志贺氏菌随饮食进人体内，导致人体发病，其潜伏期一般为（　　　）。

A. 1d 之内　　　　　B. 1d～3d　　　　　C. 5d～7d　　　　　D. 7d～8d

4. 志贺氏菌所致疾病中，下列哪一项不正确？（　　　）

A. 传染源是病人和带菌者，无动物宿主

B. 急性中毒性菌痢小儿多见，有明显的消化道症状

C. 痢疾志贺氏菌感染患者病情较重

D. 福氏志贺氏菌感染者易转变为慢性

第十章 致泻性大肠埃希氏菌检验

知识目标

　　1. 了解食品安全与致泻性大肠埃希氏菌检验的意义。

　　2. 掌握致泻性大肠埃希氏菌的生物学特性。

　　3. 掌握国家标准（GB 4789.6—2016）中致泻性大肠埃希氏菌的检测方法及操作步骤。

能力目标

　　1. 掌握致泻性大肠埃希氏菌检验的生化试验的操作方法和结果的判断。

　　2. 掌握致泻性大肠埃希氏菌属血清学试验方法。

　　3. 能熟练操作食品中致泻性大肠埃希氏菌的检测。

　　4. 能正确填写检验记录表，规范填写检测报告。

第一节　生物学特性

一、形态与染色

　　大肠埃希氏菌通称为大肠杆菌，归属于埃希氏菌属，存在于人类和动物肠道中，从对肠道的作用来看，可分为致病性与非致病性两大类。非致病性大肠杆菌是人类肠道中兼性厌氧正常菌群的优势菌种，一般情况下对人体无害，并可在肠道内合成维生素 B 和维生素 K，产生的大肠菌群素能抑制痢疾杆菌等病原菌的生长，对人体有利。

　　致病性大肠杆菌可致肠道感染，称为致泻性大肠埃希氏菌。致泻性大肠埃希氏菌大小为（0.4μm～0.7μm）×（1μm～3μm），革兰氏染色阴性杆菌，大多有周身鞭毛，为 4 根～6 根，有菌毛，无芽孢。此菌多单独存在或成双，但不呈长链状排列。

二、培养特性

　　致泻性大肠埃希氏菌为需氧兼性厌氧菌，氧气充足生长较好。对营养的要求不高，在普通琼脂上就能生长良好，在15℃～45℃范围内均可生长，但最适生长温度为37℃，最适生长pH为6.8～8.0，低于6.0或高于8.0生长缓慢。在普通琼脂平板上培养24h可形成圆形、凸起、光滑、湿润、半透明、边缘整齐、中等大小的菌落。其菌落与沙门氏菌比较相似，但是，大肠杆菌菌落对光（45°折射）观察可见荧光。在肉汤培养基中生长18h～24h变为均匀浑浊，而后底部出现黏性沉淀物，并伴有臭味。在鲜血琼脂平板上生长，有些菌株可见β溶血环。在远藤琼脂上长成带金属光泽的红色菌落。在SS琼脂平板上多不生长，少数生长的细菌，也因发酵乳糖产酸而形成红色菌落。在伊红美兰琼脂上形成紫黑色具有金属光泽的菌落。在麦康凯琼脂上培养24h后孤立菌落呈红色。

表 10-1　致泻性大肠埃希氏菌常见菌落特征

选择性琼脂平板	菌落特征
麦康凯琼脂	大肠杆菌发酵乳糖，在麦康凯琼脂上呈桃红色不透明菌落
伊红美蓝琼脂	黑紫色或红紫色，圆形，边缘整齐，表面光滑湿润，常具有金属光泽，也有的呈紫黑色，不带或略带金属光泽，或粉红色，中心较深的菌落
O157 显色培养基	肠出血性大肠杆菌 O157：H7 呈紫红色或浅紫色菌落
山梨醇麦康凯琼脂	肠出血性大肠杆菌 O157：H7 呈不发酵山梨醇的乳白色菌落或迟缓发酵山梨醇的红色菌落

三、生化特性

致泻性大肠埃希氏菌基本生化特性如下。

（1）可发酵葡萄糖、乳糖、麦芽糖、甘露醇、木糖、阿拉伯糖等多种糖类，产酸产气，有些不典型的菌株不发酵或迟缓发酵乳糖。

（2）不同菌株对蔗糖、卫矛醇、水杨苷发酵结果不一致。

（3）可使赖氨酸脱羧、不能使苯丙氨酸脱羧。

（4）不产生 H_2S，不液化明胶，不分解尿素。

（5）不能在氰化钾培养基上生长，靛基质试验阳性，V-P 试验阴性，不利用枸橼酸盐。

致泻性大肠埃希氏菌在肠道鉴别培养基上形成有色菌落。吲哚试验、甲基红试验阳性；不能利用柠檬酸盐作为碳源；分解葡萄糖铵盐；不分解尿素；明胶液化阴性；不分解侧金盏花醇；在氯化钾培养基上不生长。

EIEC：不发酵或迟缓发酵乳糖，不产气，除 O124 外无动力；乳糖、蔗糖不产酸或产酸，葡萄糖产酸产气或不产气，H_2S 阴性，靛基质阳性，酒石酸盐阴性，赖氨酸脱羧酶阴性。

O157：H7 大肠杆菌不发酵山梨醇或迟缓发酵，在 CT-SMAC 平板上菌落为白色；绝大多数不具有葡萄糖醛酸酶，不能水解 4- 甲基伞形花内酯 -β-D 葡萄糖酸苷，不能产生荧光；绝大多数 EHEC 发酵棉子糖、卫矛醇，能够利用鸟氨酸赖氨酸，其他大肠杆菌中 20% 左右发酵棉子糖，50% 左右发酵卫矛醇，有部分大肠杆菌不能利用鸟氨酸赖氨酸。

四、血清学特性

致泻性大肠埃希氏菌的抗原构造主要由菌体抗原（O）、鞭毛抗原（H）和荚膜抗原（K）三部分组成。

（1）O 抗原

O 抗原成分为细胞壁上的糖、类脂和蛋白质复合物，也是细菌的内毒素，热稳定性较强，高压蒸汽处理 2h 不被破坏。每一血清型只含有一种 O 抗原，本菌已发现 167 种 O 抗原，分别以阿拉伯数字表示。

（2）H 抗原

H 抗原为蛋白质；一种大肠埃希氏菌只有一种 H 抗原，无鞭毛则无 H 抗原，H 抗原能在 80℃被破坏，也能被酒精破坏。H 抗原共有 64 种。

（3）K 抗原

K 抗原是细胞外部的荚膜或菌体表面物质，又称包膜抗原。新分离的大肠埃希氏菌 70% 具有 K 抗原。根据 K 抗原耐热的敏感性，可把 K 抗原分为 A、B、L 三类，共有 103 种，致病性大肠埃希氏菌的抗原主要为 B 抗原，少数为 L 抗原，B 抗原与 L 抗原均可在煮沸后被破坏，A 抗原耐热性强，可耐受煮沸 1h 而不被破坏。

O 抗原可将大肠埃希氏菌分成若干血清群，再根据 K 抗原和 H 抗原进一步分为若干个血清型或亚型，根据大肠埃希氏菌抗原的鉴定结果，写出其抗原式如 O111：K58（B）H12，一般认为 H 抗原与致病性无关，因此，一般不需要进行 H 抗原的鉴定。

五、变异性

易变异，可通过突变和"可移动遗传原件"的转移而致变异。

六、抵抗力

该菌对热的抵抗力较其他肠道杆菌强，55℃经 60min 或 60℃加热 15min 仍有部分细菌存活。在自然界的水中可存活数周至数月，在温度较低的粪便中存活更久。胆盐、煌绿等对大肠杆菌有抑制作用。对磺胺类、链霉素、氯霉素等敏感，青霉素对它的作

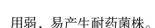

用弱，易产生耐药菌株。

七、流行病学和致病性

1. 流行病学

引起大肠埃希氏菌中毒的主要是一些动物性食品，如乳与乳制品、肉类、水产品等，牛和猪是传播这种病菌、引起中毒的主要原因。

临床上可引起胃肠炎、肠热症、菌血症或败血症等。其中肠热症属于法定传染病。

（1）肠热症

伤寒病和副伤寒病的总称，主要由伤寒杆菌和甲、乙、丙型副伤寒杆菌引起。典型伤寒病的病程较长。细菌到达小肠后，穿过肠黏膜上皮细胞侵入肠壁淋巴组织，经淋巴管至肠系膜淋巴结及其他淋巴组织并在其中繁殖，经胸导管进入血流，引起第一次菌血症。此时相当于病程的第 1 周，称前驱期。病人有发热、全身不适、乏力等。细菌随血流至骨髓、肝、脾、肾、胆囊、皮肤等并在其中繁殖，被脏器中吞噬细胞吞噬的细菌再次进入血流，引起第二次菌血症。此期症状明显，相当于病程的第 2 周～ 3 周，病人持续高热，相对缓脉，肝脾肿大及全身中毒症状，部分病例皮肤出现玫瑰疹。存于胆囊中的细菌随胆汁排至肠道，一部分随粪便排出体外。部分菌可再次侵入肠壁淋巴组织，出现超敏反应，引起局部坏死和溃疡，严重者发生肠出血和肠穿孔。肾脏中的细菌可随尿排出。第 4 周进入恢复期，患者逐渐康复。

典型伤寒的病程为 3 周～4 周。病愈后部分患者可自粪便或尿液继续排菌 3 周～3 个月，称恢复期带菌者。约有 3% 的伤寒患者成为慢性带菌者。副伤寒病与伤寒病症状相似，但一般较轻，病程较短，1 周～3 周即愈。

（2）急性肠炎（食物中毒）

最常见的沙门氏杆菌感染。多由鼠伤寒杆菌、猪霍乱杆菌、肠炎杆菌等引起。系因食入未煮熟的病畜病禽的肉类、蛋类而发病。潜伏期短，一般 4h～24h，主要症状为发热、恶心、呕吐、腹痛、腹泻。细菌通常不侵入血流，病程较短，一般 2d～4d 内可完全恢复。

（3）败血症

常由猪霍乱杆菌、丙型副伤寒杆菌、鼠伤寒杆菌、肠炎杆菌等引起。病菌进入肠道后，迅速侵入血流，导致组织器官感染，如脑膜炎、骨髓炎、胆囊炎、肾盂肾炎、心内膜炎等。出现高热、寒战、厌食、贫血等。在发热期，血培养阳性率高。

2. 致病性

致泻性大肠杆菌按照毒力因子、致病机理和流行病学特征分为 5 类，即肠致病性大肠杆菌（EPEC）、肠产毒性大肠杆菌（ETEC）、肠侵袭性大肠杆菌（EIEC）、肠出血性大肠杆菌（EHEC）、肠聚集性黏附大肠杆菌（EAggEC）。

（1）肠致病性大肠杆菌

EPEC 是婴幼儿腹泻的主要病原菌，主要临床症状是发烧、呕吐、腹泻，粪便中含有大量黏液而无血，症状可持续两周以上，多引起社区的小型暴发。主要毒力因子包括大质粒编码的束状菌毛介导的黏附作用、噬菌体编码的志贺毒素及 LEE 毒力岛介导的 A/E 损伤。

（2）肠产毒性大肠杆菌

ETEC 是发展中国家细菌性腹泻和旅游者腹泻的主要病原之一。ETEC 分泌耐热肠毒素（ST）、不耐热肠毒素（LT），具有与致病性相关的菌毛等。ETEC 通过菌毛黏附在小肠上皮细胞，释放毒素 ST 和 LT，刺激腺苷环化酶或鸟苷环化酶的产生，引起肠液分泌和聚积，产生水样腹泻。

（3）肠侵袭性大肠杆菌

EIEC 的毒力因子和致病机制与志贺氏菌基本一致，临床症状与细菌性痢疾不易区分，主要是发烧、腹部剧烈疼痛与不适、毒血症、水样腹泻，粪便中有少量黏液和血。EIEC 通常侵犯大肠，使大肠上皮细胞刷状缘发生局部破坏，细菌被摄入细胞内，侵犯并破坏细胞基底膜，在细胞内扩散、繁殖，并在细胞间扩散，引起细胞的死亡，造成炎症和溃疡。EIEC 的侵袭力由大质粒编码，与编码志贺氏菌侵袭力的大质粒高度同源，丢失了质粒的菌株也随之丧失。

（4）肠出血性大肠杆菌

EHEC 是指能引起出血性肠炎的一群大肠杆菌，包括 026：H11、0111：H8、O125：NM、O122：H19 等血清型的部分菌株。目前认为 EHEC 的主要毒力因子有志贺毒素、致病性大质粒和 LEE 毒力岛。

（5）肠聚集性黏附大肠杆菌

EAggEC 主要与小儿顽固性腹泻有关。EAggEC 产生束状菌毛（AFF/Ⅰ）和聚集性黏附大肠杆菌毒素Ⅰ（EASTⅠ）。

第二节　检验原理

致泻性大肠埃希氏菌检验程序见图 10-1。

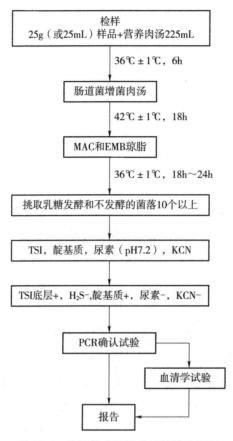

图10-1 致泻性大肠埃希氏菌检验程序

第三节 试验材料

一、培养基与试剂

1. 营养肉汤：见附录 A 中 A.78。

2. 肠道菌增菌肉汤：见附录 A 中 A.79。

3. 麦康凯琼脂（MAC）：见附录 A 中 A.80。

4. 伊红美蓝琼脂（EMB）：见附录 A 中 A.81。

5. 三糖铁（TSI）琼脂：见附录 A 中 A.82。

6. 蛋白胨水、靛基质试剂：见附录 A 中 A.83。

7. 半固体琼脂：见附录 A 中 A.84。

8. 尿素琼脂（pH7.2）：见附录 A 中 A.85。

9. 氰化钾（KCN）培养基：见附录 A 中 A.86。

10. 氧化酶试剂：见附录 A 中 A.87。

11. 革兰氏染色液：见附录 A 中 A.88。

12. BHI 肉汤：见附录 A 中 A.89。

13. 福尔马林（含 38%～40% 甲醛）。

14. 鉴定试剂盒。

15. 大肠埃希氏菌诊断血清。

16. 灭菌去离子水。

17. 0.85% 灭菌生理盐水。

18. TE（pH8.0）：见附录 A 中 A.90。

19. 10×PCR 反应缓冲液：见附录 A 中 A.91。

20. 25mmol/L MgCl$_2$。

21. dNTPs：dATP、dTTP、dGTP、dCTP 每种浓度为 2.5mmol/L。

22. 5U/L *Taq* 酶。

23. 引物。

24. 50×TAE 电泳缓冲液：见附录 A 中 A.92。

25. 琼脂糖。

26. 溴化乙锭（EB）或其他核酸染料。

27. 6×上样缓冲液：见附录 A 中 A.93。

28. Marker：相对分子质量包含 100bp、200bp、300bp、400bp、500bp、600bp、700bp、800bp、900bp、1000bp、1500bp 条带。

29. 致泻大肠埃希氏菌 PCR 试剂盒。

二、器具及其他用品

除微生物实验室常规灭菌及培养设备外，其他设备和材料如下。

1. 恒温培养箱：36℃ ±1℃，42℃ ±1℃。

2. 冰箱：2℃～5℃。

3. 恒温水浴箱：50℃ ±1℃，100℃或适配 1.5mL 或 2.0mL 金属浴（95℃～100℃）。

4. 电子天平：感量为 0.1g 和 0.01g。

5. 显微镜：10×～100×。

6. 均质器。

7. 振荡器。

8. 无菌吸管：1mL（具 0.01mL 刻度）、10mL（具 0.1mL 刻度）或微量移液器及吸头。

9. 无菌均质杯或无菌均质袋：容量 500mL。

10. 无菌培养皿：直径 90mm。

11. pH 计或精密 pH 试纸。

12. 微量离心管：1.5mL 或 2.0mL。

13. 接种环：1μL。

14. 低温高速离心机：转速≥13000r/min，控温 4℃～8℃。

15. 微生物鉴定系统。

16. PCR 仪。

17. 微量移液器及吸头：0.5μL～2μL、2μL～20μL、20μL～200μL、200μL～1000μL。

18. 水平电泳仪：包括电源、电泳槽、制胶槽（长度＞10cm）和梳子、8 联排管和 8 联排盖（平盖 / 凸盖）。

19. 凝胶成像仪。

第四节　操作步骤

一、样品制备

固态或半固态样品固体或半固态样品，以无菌操作称取检样 25g，加入装有 225mL 营养肉汤的均质杯中，用旋转刀片式均质器以 8000r/min～10000r/min 均质 1min～2min；或加入装有 225mL 营养肉汤的均质袋中，用拍击式均质器均质 1min～2min。

液态样品以无菌操作量取检样 25mL，加入装有 225mL 营养肉汤的无菌锥形瓶（瓶内可预置适当数量的无菌玻璃珠），振荡混匀。

二、增菌

将制备的样品匀液于 36℃ ±1℃培养 6h。取 10μL 接种于 30mL 肠道菌增菌肉汤管内，于 42℃ ±1℃培养 18h。

三、分离

将增菌液划线接种 MAC 和 EMB 琼脂平板，于 36℃ ±1℃培养 18h～24h，观察菌落特征。在 MAC 琼脂平板上，分解乳糖的典型菌落为砖红色至桃红色，不分解乳糖的菌落为无色或淡粉色；在 EMB 琼脂平板上，分解乳糖的典型菌落为中心紫黑色带或不

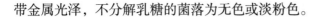

带金属光泽，不分解乳糖的菌落为无色或淡粉色。

四、生化试验

选取平板上可疑菌落 10 个～20 个（10 个以下全选），应挑取乳糖发酵，以及乳糖不发酵和迟缓发酵的菌落，分别接种 TSI 斜面。同时将这些培养物分别接种蛋白胨水、尿素琼脂（pH7.2）和 KCN 肉汤。于 36℃ ±1℃培养 18h～24h。

TSI 斜面产酸或不产酸，底层产酸，靛基质阳性，H_2S 阴性和尿素酶阴性的培养物为大肠埃希氏菌。TSI 斜面底层不产酸，或 H_2S、KCN、尿素有任一项为阳性的培养物，均非大肠埃希氏菌。必要时做革兰氏染色和氧化酶试验。大肠埃希氏菌为革兰氏阴性杆菌，氧化酶阴性。

如选择生化鉴定试剂盒或微生物鉴定系统，可从营养琼脂平板上挑取经纯化的可疑菌落用无菌稀释液制备成浊度适当的菌悬液，使用生化鉴定试剂盒或微生物鉴定系统进行鉴定。

五、PCR 确认试验

1. 菌落挑选

取生化反应符合大肠埃希氏菌特征的菌落进行 PCR 确认试验。

注：PCR 实验室区域设计、工作基本原则及注意事项应参照《疾病预防控制中心建设标准》（建标 127—2009）和国家卫生和计划生育委员会（2010）《医疗机构临床基因扩增管理办法》附录（医疗机构临床基因扩增检验实验室工作导则）。

2. PCR 模板

使用 1μL 接种环刮取营养琼脂平板或斜面上培养 18h～24h 的菌落，悬浮在 200μL 0.85% 灭菌生理盐水中，充分打散制成菌悬液，于 13000r/min 离心 3min，弃掉上清液。加入 1mL 灭菌去离子水充分混匀菌体，于 100℃水浴或者金属浴维持 10min；冰浴冷却后，13000r/min 离心 3min，收集上清液；按 1：10 的比例用灭菌去离子水稀释上清液，取 2μL 作为 PCR 检测的模板；所有处理后的 DNA 模板直接用于 PCR 反应或暂存于 4℃并当天进行 PCR 反应；否则，应在 -20℃以下保存备用（1 周内）。也可用细菌基因组提取试剂盒提取细菌 DNA，操作方法按照细菌基因组提取试剂盒说明书进行。

3. 标准对照菌株

每次 PCR 反应使用 EPEC、STEC/EHEC、EIEC、ETEC、EAEC 标准菌株作为阳性对照。同时，使用大肠埃希氏菌 ATCC 25922 或等效标准菌株作为阴性对照，以灭菌去离子水作为空白对照，控制 PCR 体系污染。致泻性大肠埃希氏菌特征性基因见表 10-2。

表 10-2　五种致泻性大肠埃希氏菌特征基因

致泻性大肠埃希氏菌类别	特征性基因	
EPEC	*escV* 或 *eae*、*bfpB*	*uidA*
STEC/EHEC	*escV* 或 *eae*、*stx1*、*stx2*	
EIEC	*invE* 或 *ipaH*	
ETEC	*lt*、*stp*、*sth*	
EAEC	*astA*、*aggR*、*pic*	

4. PCR 反应体系配制

每个样品初筛需配制 12 个 PCR 扩增反应体系，对应检测 12 个目标基因，具体操作如下：使用 TE 溶液（pH 8.0）将合成的引物干粉稀释成 100μmol/L 储存液。根据表 10-3 中每种目标基因对应 PCR 体系内引物的终浓度，使用灭菌去离子水配制 12 种目标基因扩增所需的 10× 引物工作液（以 *uidA* 基因为例，见表 10-4）。将 10× 引物工作液、10× PCR 反应缓冲液、25mmol/L MgCl$_2$、2.5mmol/L dNTPs、灭菌去离子水从 -20℃冰箱中取出，融化并平衡至室温，使用前混匀；5U/μL*Taq* 酶在加样前从 -20℃冰箱中取出。每个样品按照表 10-5 的加液量配制 12 个 25μL 反应体系，分别使用 12 种目标基因对应的 10× 引物工作液。

表 10-3　五种致泻性大肠埃希氏菌目标基因引物序列及每个 PCR 体系内的终浓度

引物名称	引物序列	菌株编号及对应 Genbank 编码	引物所在位置	终浓度 /（μmol/L）	PCR 产物长度 /bp
uidA-F	5'-ATG CCAgTC CAG CGT TTT TGC-3'	EscherichiacoliDH1Ec169（accessionno.CP012127.1）	1673870-1673890	0.2	1487
uidA-R	5'-AAAgTG TGG GTC AAT AAT CAG GAA GTG-3'		1675356-1675330	0.2	
escV-F	5'-ATTCTGGCTCTCTTCT TCTTTATGGCTG-3'	EscherichiacoliE2348/69（accessionno.FM180568.1）	4122765-4122738	0.4	544
escV-R	5'-CGTCCCCTTTTACAA ACTTCATCGC-3'		4122222-4122246	0.4	
eae-F[a]	5'-ATTACCATCCAC ACAGACGGT-3'	EHEC（accessionno. Z11541.1）	2651-2671	0.2	397
eae-R[a]	5'-ACAGCGTGGTTG GATCAACCT-3'		3047-3027	0.2	

表 10-3（续）

引物名称	引物序列	菌株编号及对应 Genbank 编码	引物所在位置	终浓度 /（μmol/L）	PCR 产物长度 /bp
bfpB-F	5'-GACACCTCATTGCTGAAGTCG-3'	Escherichia coli E2348/69（accessionno.FM180569.1）	3796-3816	0.1	910
bfpB-R	5'-CCAGAACACCTCCGTTATGC-3'		4702-4683	0.1	
stx1-F	5'-CGATGTTACGGTTTGTTACTGTGACAGC-3'	EscherichiacoliEDL933（accessionno.AE005174.2）	2996445-2996418	0.2	244
stx1-R	5'-AATGCCACGCTTCCCAGAATTG-3'		2996202-2996223	0.2	
stx2-F	5'-GTTTTGACCATCTTCGTCTGATTATTGAG-3'	EscherichiacoliEDL933（accessionno.AE005174.2）	1352543-1352571	0.4	324
stx2-R	5'-AGCGTAAGGCTTCTGCTGTGAC-3'		1352866-1352845	0.4	
lt-F	5'-GAACAGGAGGTTTCTGCGTTAGGTG-3'	EscherichiacoliE24377A（accessionno.CP000795.1）	17030-17054	0.1	655
lt-R	5'-CTTTCAATGGCTTTTTTTTGGGAGTC-3'		17684-17659	0.1	
stp-F	5'-CCTCTTTTAGYCAGACARCTGAATCASTTG-3'	EscherichiacoliEC2173（accessionno.AJ555214.1）///EscherichiacoliF7682（accessionno.AY342057.1）	1979-1950 14-43	0.4	157
stp-R	5'-CAGGCAGGATTACAACAAAGTTCACAG-3'		1823-1849 170-144	0.4	
sth-F	5'-TGTCTTTTTCACCTTTCGCTC-3'	EscherichiacoliE24377A（accessionno.CP000795.1）	11389-11409	0.2	171
sth-R	5'-CGGTACAAGCAGGATTACAACAC-3'		11559-11537	0.2	
invE-F	5'-CGA TAG ATG GCG AGA AAT TAT ATC CCG-3'	EscherichiacoliserotypeO164（accessionno.AF283289.1）	921-895	0.2	766
invE-R	5'-CGA TCA AGA ATC CCT AAC AGA AGA ATC AC-3'		156-184	0.2	
ipaH-F[b]	5'-TTG ACC GCC TTT CCG ATA CC-3'	Escherichiacoli53638（accessionno.CP001064.1）	11471-11490	0.1	647
ipaH-R[b]	5'-ATC CGC ATC ACC GCT CAG AC-3'		12117-12098	0.1	

表 10-3（续）

引物名称	引物序列	菌株编号及对应 Genbank 编码	引物所在位置	终浓度/（μmol/L）	PCR 产物长度/bp
aggR-F	5'-ACG CAG AGT TGC CTG ATA AAG-3'	Escherichiacolienteroaggregative17-2（accessionno. Z18751.1）	59-79	0.2	400
aggR-R	5'-AAT ACA GAA TCG TCA GCA TCA GC-3'		458-436	0.2	
pic-F	5'-AGC CGT TTC CGC AGA AGC C-3'	Escherichiacoli042（accessionno.AF097644.1）	3700-3682	0.2	1111
pic-R	5'-AAA TGT CAG TGA ACC GAC GAT TGG-3'		2590-2613	0.2	
astA-F	5'-TGC CAT CAA CAC AGT ATA TCC G-3'	EscherichiacoliECOR33（accessionno.AF161001.1）	2-23	0.4	102
astA-R	5'-ACG GCT TTG TAG TCC TTC CAT-3'		103-83	0.4	
16S rDNA-F	5'-GGA GGC AGC AGT GGG AAT A-3'	EscherichiacolistrainST2747（accessionno.CP007394.1）	149585-149603	0.25	1062
16S rDNA-R	5'-TGA CGG GCG GTG TGT ACA AG-3'		150645-150626	0.25	

a *escV* 和 *eae* 基因选作其中一个。
b *invE* 和 *ipaH* 基因选作其中一个。
c 表中不同基因的引物序列可采用可靠性验证的其他序列代替。

表 10-4 每种目标基因扩增所需 10× 引物工作液配制表

引物名称	体积/μL
100μmol/L *uidA*-F	$10 \times n$
100μmol/L *uidA*-R	$10 \times n$
灭菌去离子水	$100-2 \times (10 \times n)$
总体积	100

注：n 为每条引物在反应体系内的终浓度（详见表 10-3）。

表 10-5 五种致泻性大肠埃希氏菌目标基因扩增体系配制表

试剂名称	加样体积/μL
灭菌去离子水	12.1
10×PCR 反应缓冲液	2.5

表 10-5（续）

试剂名称	加样体积 /μL
25mmol/L MgCl$_2$	2.5
2.5mmol/L dNTPs	3.0
10× 引物工作液	2.5
5U/μL *Taq* 酶	0.4
DNA 模板	2.0
总体积	25

5. PCR 循环条件

预变性 94℃ 5min；变性 94℃ 30s，复性 63℃ 30s，延伸 72℃ 1.5min，30 个循环；72℃ 延伸 5min。将配制完成的 PCR 反应管放入 PCR 仪中，核查 PCR 反应条件正确后，启动反应程序。

6. PCR 凝胶电泳

称量 4.0g 琼脂糖粉，加入至 200mL 的 1×TAE 电泳缓冲液中，充分混匀。使用微波炉反复加热至沸腾，直到琼脂糖粉完全融化形成清亮透明的溶液。待琼脂糖溶液冷却至 60℃ 左右时，加入溴化乙锭（EB）至终浓度为 0.5μg/mL，充分混匀后，轻轻倒入已放置好梳子的模具中，凝胶长度要大于 10cm，厚度宜为 3mm～5mm。检查梳齿下或梳齿间有无气泡，用一次性吸头小心排掉琼脂糖凝胶中的气泡。当琼脂糖凝胶完全凝结硬化后，轻轻拔出梳子，小心将胶块和胶床放入电泳槽中，样品孔放置在阴极端。向电泳槽中加入 1×TAE 电泳缓冲液，液面高于胶面 1mm～2mm。将 5μL PCR 产物与 1μL 6× 上样缓冲液混匀后，用微量移液器吸取混合液垂直伸入液面下胶孔，小心上样于孔中；阳性对照的 PCR 反应产物加入最后一个泳道；第一个泳道中加入 2μL 分子量 Marker。接通电泳仪电源，根据公式：电压 = 电泳槽正负极间的距离（cm）×5V/cm 计算并设定电泳仪电压数值；启动电压开关，电泳开始以正负极铂金丝出现气泡为准。电泳 30min～45min 后，切断电源。取出凝胶放入凝胶成像仪中观察结果，拍照并记录数据。

7. 结果判定

电泳结果中空白对照应无条带出现，阴性对照仅有 *uidA* 条带扩增，阳性对照中出现所有目标条带，PCR 试验结果成立。根据电泳图中目标条带大小，判断目标条带的种类，记录每个泳道中目标条带的种类，在表 10-6 中查找不同目标条带种类及组合所对应的致泻性大肠埃希氏菌类别。

表 10-6　五种致泻性大肠埃希氏菌目标条带与型别对照表

致泻性大肠埃希氏菌类别	目标条带的种类组合	
EAEC	*aggR*，*astA*，*pic* 中一条或一条以上阳性	
EPEC	*bfpB*（+/−），*escV*[a]（+），*stx1*（−），*stx2*（−）	
STEC/EHEC	*escV*[a]（+/−），*stx1*（+），*stx2*（−），*bfpB*（−） *escV*[a]（+/−），*stx1*（−），*stx2*（+），*bfpB*（−） *escV*[a]（+/−），*stx1*（+），*stx2*（+），*bfpB*（−）	*uidA*[c]（+/−）
ETEC	*lt*，*stp*，*sth* 中一条或一条以上阳性	
EIEC	*invE*[b]（+）	

[a] 在判定 EPEC 或 SETC/EHEC 时，*escV* 与 *eae* 基因等效。
[b] 在判定 EIEC 时，*invE* 与 *ipaH* 基因等效。
[c] 97% 以上大肠埃希氏菌为 *uidA* 阳性。

8. 注意事项

如用商品化 PCR 试剂盒或多重聚合酶链式反应（MPCR）试剂盒，应按照试剂盒说明书进行操作和结果判定。

六、血清学试验（选做项目）

1. 菌株挑选

取 PCR 试验确认为致泻性大肠埃希氏菌的菌株进行血清学试验。

注：应按照生产商提供的使用说明进行 O 抗原和 H 抗原的鉴定。当生产商的使用说明与下面的描述可能有偏差时，按生产商提供的使用说明进行。

2. O 抗原鉴定

（1）假定试验

挑取经生化试验和 PCR 试验证实为致泻性大肠埃希氏菌的营养琼脂平板上的菌落，根据致泻性大肠埃希氏菌的类别，选用大肠埃希氏菌单价或多价 OK 血清做玻片凝集试验。当与某一种多价 OK 血清凝集时，再与该多价血清所包含的单价 OK 血清做凝集试验。致泻性大肠埃希氏菌所包括的 O 抗原群见表 10-7。如与某一单价 OK 血清呈现凝集反应，即为假定试验阳性。

表 10-7　致泻性大肠埃希氏菌主要的 O 抗原

DEC 类别	DEC 主要的 O 抗原
EPEC	O26、O55、O86、O111ab、O114、O119、O125ac、O127、O128ab、O142、O158 等
STEC/EHEC	O4、O26、O45、O91、O103、O104、O111、O113、O121、O128、O157 等

表 10-7（续）

DEC 类别	DEC 主要的 O 抗原
EIEC	O28ac、O29、O112ac、O115、O124、O135、O136、O143、O144、O152、O164、O167 等
ETEC	O6、O11、O15、O20、O25、O26、O27、O63、O78、O85、O114、O115、O128ac、O148、O149、O159、O166、O167 等
EAEC	O9、O62、O73、O101、O134 等

（2）证实试验

用 0.85% 灭菌生理盐水制备 O 抗原悬液，稀释至与 MacFarland3 号比浊管相当的浓度。原效价为 1∶160～1∶320 的 O 血清，用 0.5% 盐水稀释至 1∶40。将稀释血清与抗原悬液于 10mm×75mm 试管内等量混合，做单管凝集试验。混匀后放于 50℃±1℃ 水浴箱内，经 16h 后观察结果。如出现凝集，可证实为该 O 抗原。

3.H 抗原鉴定

（1）取菌株穿刺接种半固体琼脂管，36℃±1℃ 培养 18h～24h，取顶部培养物 1 环接种至 BHI 液体培养基中，于 36℃±1℃ 培养 18h～24h。加入福尔马林至终浓度为 0.5%，做玻片凝集或试管凝集试验。

（2）若待测抗原与血清均无明显凝集，应从首次穿刺培养管中挑取培养物，再进行 2 次～3 次半固体管穿刺培养，按照前一步骤进行试验。

第五节　检测结果与鉴定

根据生化试验、PCR 确认试验的结果，报告 25g（或 25mL）样品中检出或未检出某类致泻性大肠埃希氏菌。如果进行血清学试验，根据血清学试验的结果，报告 25g（或 25mL）样品中检出的某类致泻性大肠埃希氏菌血清型别。

第六节　致泻性大肠埃希氏菌的控制

食品生产经营企业应加强卫生管理，科学实行危害分析关键控制点体系（HACCP）和良好生产规范（GMP）等，严格控制原料、环境及加工过程卫生，防止微生物污染和交叉污染；加强对食品操作者的教育和培训。

监管部门加大对生产牛肉制品、即食生肉制品、生食果蔬制品等重点企业生产环境卫生的检查力度；加大对上述食品 STEC 的监测和检验力度；定期开展科普宣传和危害解读。

消费者从可靠的渠道购买新鲜食物；加工后的熟肉制品和凉拌食品应尽快食用或低温贮存，并尽可能缩短储存时间，长时间放置再次加热后方能食用；注意个人卫生，饭前便后、接触生鲜畜肉要洗手，生鲜蔬菜水果生食前充分洗净。

复习思考题

（一）判断题

E.coli 是大肠埃希氏菌的缩写。　　　　　　　　　　　　　　　（　　）

（二）选择题

1. 大多数肠道杆菌是肠道的（　　）。

A. 强致病菌　　　　B. 正常菌群　　　　C. 弱致病菌　　　　D. 以上都是

2. 反映粪便污染程度的指示菌是大肠菌群、粪大肠菌群和（　　）。

A. 志贺氏菌　　　　B. 大肠杆菌　　　　C. 沙门氏菌　　　　D. 变形杆菌

3. 感染后导致病人粪便呈米泔水样的细菌是（　　）。

A. 大肠埃希氏菌　　　　　　　　　　B. 霍乱弧菌

C. 变形杆菌　　　　　　　　　　　　D. 志贺氏菌

4. 致泻性大肠埃希氏菌主要分为 5 种，感染的人群和所致疾病有所不同。引起婴幼儿腹泻的是（　　）。

A. 肠出血性大肠埃希氏菌　　　　　　B. 肠致病性大肠埃希氏菌

C. 肠毒素型大肠埃希氏菌　　　　　　D. 肠侵袭型大肠埃希氏菌

E. 肠凝聚型大肠埃希氏菌

第十一章　实训项目

实训一　食品中沙门氏菌的检验

一、试验目的

1. 了解食品的质量与沙门氏菌检验的意义。

2. 了解 GB 4789.4—2024 中有关食品中沙门氏菌检测的规定。

3. 掌握沙门氏菌的生物学特性。

4. 掌握沙门氏菌检验的生化试验的操作方法和结果的判断。

5. 掌握沙门氏菌属血清学试验方法。

6. 掌握食品中沙门氏菌检验的方法和技术。

二、试验原理

沙门氏菌属是一大群寄生于人类和动物肠道，其生化反应和抗原构造相似的革兰氏阴性杆菌。种类繁多，少数只对人致病。其他对动物致病，偶尔可传染给人。主要引起人类伤寒、副伤寒以及食物中毒或败血症。在世界各地的食物中毒中，沙门氏菌食物中毒常占首位或第二位。

食品中沙门氏菌的检验方法有 5 个基本步骤：①前增菌；②选择性增菌；③选择性平板分离沙门氏菌；④生化试验鉴定到属；⑤血清学分型鉴定。目前检验食品中的沙门氏菌是按统计学取样方案为基础，25g 食品为标准分析单位。

三、试验材料

参照第四章第三节的内容。

四、试验步骤

参照第四章第四节的内容。

五、检测结果与测定

参照第四章第五节的内容。

六、注意事项

参照第四章第六节的内容。

七、思考题

1. 如何提高沙门氏菌的检出率?

2. 沙门氏菌在三糖铁琼脂培养基上的反应结果如何?怎样解释这种现象?

3. 沙门氏菌的检验主要有哪 5 个基本步骤?其主要作用是什么?

实训二　食品中志贺氏菌的检验

一、试验目的

1. 了解食品的质量与志贺氏菌检验的意义。

2. 了解 GB 4789.5—2016 中有关食品中志贺氏菌检测的规定。

3. 掌握志贺氏菌的生物学特性。

4. 掌握志贺氏菌检验的生化试验的操作方法和结果的判断。

5. 掌握志贺氏菌属血清学试验方法。

6. 掌握食品中志贺氏菌检验的方法和技术。

二、试验原理

志贺氏菌属的细菌(通称痢疾杆菌)是细菌性痢疾的病原菌。临床上能引起痢疾症状的病原生物很多,有志贺氏菌、沙门氏菌、变形杆菌、大肠杆菌等,还有阿米巴原虫、鞭毛虫以及病毒等均可引起人类痢疾,其中以志贺氏菌引起的细菌性痢疾最为常见。

人类对痢疾杆菌有很高的易感性。在幼儿可引起急性中毒性菌痢,死亡率很高。所以在进行食物和饮用水的卫生检验时,常以是否含有志贺氏菌作为指标。志贺氏菌属细菌的形态与一般肠道杆菌无明显区别,为革兰氏阴性杆菌,长为 $2\mu m \sim 3\mu m$,宽为 $0.5\mu m \sim 0.7\mu m$。不形成芽孢,无荚膜,无鞭毛,不运动,有菌毛。志贺氏菌属的主要鉴别特征为：无鞭毛，不运动，对各种糖的利用能力较差，并且在含糖的培养基内一般不产生气体。志贺氏菌的进一步分群分型有赖于血清学试验。

三、试验材料

参照第九章第三节的内容。

四、试验步骤

参照第九章第四节的内容。

五、检测结果与测定

参照第九章第五节的内容。

六、注意事项

参照第九章第六节的内容。

七、思考题

1. 如何检出食品中的志贺氏菌？
2. 根据培养和生化试验，能否检出志贺氏菌？
3. 根据生化特性和血清学试验，检出的志贺氏菌属于哪个群？哪个型？
4. 志贺氏菌在三糖铁培养基上生长如何？

实训三　食品中金黄色葡萄球菌的检验

一、试验目的

1. 了解食品的质量与金黄色葡萄球菌检验的意义。
2. 了解 GB 4789.10—2016 中有关食品中金黄色葡萄球菌检测的规定。
3. 掌握金黄色葡萄球菌的生物学特性。
4. 掌握金黄色葡萄球菌检验的生化试验的操作方法和结果的判断。
5. 掌握食品中金黄色葡萄球菌检验的方法和技术。

二、试验原理

葡萄球菌在自然界分布极广，空气、土壤、水、饲料、食品（剩饭、糕点、牛奶、肉品等）以及人和动物的体表黏膜等处均有存在，大部分是不致病的，也有一些致病的球菌。金黄色葡萄球菌是葡萄球菌属的一个种，可引起皮肤组织炎症，还能产生肠毒素。如果在食品中大量生长繁殖，产生毒素，人误食了含有毒素的食品，就会发生食物中毒，故食品中存在金黄色葡萄球菌对人的健康是一种潜在威胁，检查食品中金黄色葡萄球菌及数量具有实际意义。

金黄色葡萄球菌能产生凝固酶，使血浆凝固，多数致病菌株能产生溶血毒素，使血琼脂平板菌落周围出现溶血环，在试管中出现溶血反应。这些是鉴定致病性金黄色葡萄球菌的重要指标。

三、试验材料

参照第五章第三节的内容。

四、试验步骤

参照第五章第四节的内容。

五、检测结果与测定

参照第五章第五节的内容。

六、注意事项

参照第五章第六节的内容。

七、思考题

1. 金黄色葡萄球菌在血平板或 B-P 平板上的菌落特征如何？为什么？
2. 食品中是否允许有个别金黄色葡萄球菌的存在？为什么？
3. 鉴定致病性金黄色葡萄球菌的重要指标是什么？

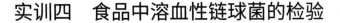

实训四　食品中溶血性链球菌的检验

一、试验目的

1. 了解食品的质量与溶血性链球菌检验的意义。
2. 了解 GB 4789.11—2016 中有关食品中溶血性链球菌检测的规定。
3. 掌握溶血性链球菌的生物学特性。
4. 掌握溶血性链球菌检验的生化试验的操作方法和结果的判断。
5. 掌握食品中溶血性链球菌检验的方法和技术。

二、试验原理

链球菌常根据其在血琼脂培养基上溶血环的大小，分为甲、乙、丙三型。其中乙型溶血性链球菌具有完全的溶血性，菌落周围形成一个 2mm～4mm 宽、界限分明、完全透明的无色溶血环，这类细菌称为溶血性链球菌。

溶血性链球菌广泛存在于水、空气、尘埃、粪便及健康人和动物的口腔、鼻腔、咽喉中，可通过直接接触、空气飞沫或皮肤、黏膜伤口感染传播，而被污染的食品（如奶、肉、蛋及其制品）也会使人类感染，上呼吸道感染患者、人畜化脓性感染部位常成为食品污染的污染源。

溶血性链球菌可引起皮肤和皮下组织的化脓性炎症、呼吸道感染，还可通过食品引起猩红热、流行性咽炎的暴发流行。溶血性链球菌被列为食品卫生检验的主要对象之一。

三、试验材料

参照第六章第三节的内容。

四、试验步骤

参照第六章第四节的内容。

五、检测结果与测定

参照第六章第五节的内容。

六、注意事项

参照第六章第六节的内容。

七、思考题

1. 链球菌的溶血现象有哪几个类型，各类型的溶血特征如何？
2. 溶血性链球菌在血平板和葡萄糖肉汤中生长有何特征？
3. 溶血性链球菌能产生什么毒素和酶？
4. 写出链球菌的检验程序，并说明链激酶的反应原理。

实训五　食品中副溶血性弧菌的检验

一、试验目的

1. 了解食品的质量与副溶血性弧菌检验的意义。
2. 了解 GB 4789.7—2016 中有关食品中副溶血性弧菌检测的规定。
3. 掌握副溶血性弧菌的生物学特性。
4. 掌握副溶血性弧菌检验的生化试验的操作方法和结果的判断。
5. 掌握副溶血性弧菌属血清学试验方法。
6. 掌握食品中副溶血性弧菌检验的方法和技术。

二、试验原理

副溶血性弧菌为弧菌科弧菌属，革兰染色阴性，兼性厌氧菌，为多形态杆菌或稍弯曲弧菌。本菌嗜盐畏酸。最适宜的培养基温度为 30℃～37℃，含盐 2.5%～3%（若盐浓度低于 0.5% 则不生长），pH 为 8.0～8.5。本菌对酸较敏感，当 pH 6 以下即不能生长，在普通食醋中 1min～3min 即死亡。在固体培养基上菌落常隆起，圆形，表面光滑，湿润。在 3%～3.5% 含盐水中繁殖迅速，每 8min～9min 为一周期。对高温抵抗力小，50℃ 20min；65℃ 5min 或 80℃ 1min 即可被杀死。本菌对常用消毒剂抵抗力很弱，可被低浓度的酚和煤酚皂溶液杀灭。

副溶血性弧菌是一种嗜盐性细菌，广泛分布于海水、海底泥沙、浮游生物和鱼贝类中，为海产食品引起急性胃肠炎的重要病原菌之一，尤其是在夏秋季节的沿海地区，经常由于食用带有大量副溶血性弧菌的海产食品，引起暴发性食物中毒。在非沿海地

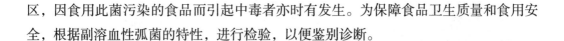

区，因食用此菌污染的食品而引起中毒者亦时有发生。为保障食品卫生质量和食用安全，根据副溶血性弧菌的特性，进行检验，以便鉴别诊断。

三、试验材料

参照第七章第三节的内容。

四、试验步骤

参照第七章第四节的内容。

五、检测结果与测定

参照第七章第五节的内容。

六、注意事项

参照第七章第六节的内容。

七、思考题

1. 如何预防副溶血性弧菌所致的食物中毒?
2. 副溶血性弧菌的形态和染色有何特点?
3. 副溶血性弧菌的生化特性中最有特点的是哪个项目? 如何利用这个项目，诊断某细菌是否为副溶血性弧菌?

实训六 食品中蜡样芽孢杆菌的检验

一、试验目的

1. 了解食品的质量与蜡样芽孢杆菌检验的意义。
2. 了解 GB 4789.14—2016 中有关食品中蜡样芽孢杆菌检测的规定。
3. 掌握蜡样芽孢杆菌的生物学特性。
4. 掌握蜡样芽孢杆菌检验的生化试验的操作方法和结果的判断。
5. 掌握食品中蜡样芽孢杆菌检验的方法和技术。

二、试验原理

蜡样芽孢杆菌为革兰氏阳性杆菌，大小为（1μm～1.3μm）×（3μm～5μm），兼性需氧，形成芽孢，芽孢不突出菌体，菌体两端较平整，多数呈链状排列，与炭疽杆菌相似。引起食物中毒的菌株多为周鞭毛，有动力。

蜡样芽孢杆菌生长温度为25℃～37℃，最佳温度30℃～32℃。在肉汤中生长浑浊，有菌膜或壁环，振摇易乳化。在普通琼脂上生成的菌落较大，直径3mm～10mm，灰白色、不透明，表面粗糙似毛玻璃状或融蜡状，边缘常呈扩展状。偶有产生黄绿色色素，在血琼脂平板上呈草绿色溶血。在甘露醇卵黄多黏菌素（MYP）平板上呈伊红粉色菌落。

蜡样芽孢杆菌食物中毒通常以夏秋季（6月—10月）最高。引起中毒的食品常由于食前保存温度不当、放置时间较长而导致中毒。中毒的发病率较高，一般为60%～100%。但也有在可疑食品中找不到蜡样芽孢杆菌而引起食物中毒的情况，一般认为是由于蜡杆芽孢杆菌产生的热稳定毒素所致。

三、试验材料

参照第八章第三节的内容。

四、试验步骤

参照第八章第四节的内容。

五、检测结果与测定

参照第八章第五节的内容。

六、注意事项

参照第八章第六节的内容。

七、思考题

1. 引起蜡样芽孢杆菌食物中毒的常见食物有哪些？

2. 蜡样芽孢杆菌的形态和染色特性如何？

3. 蜡样芽孢杆菌在普通营养琼脂和甘露醇卵黄多黏菌琼脂平板上生长的菌落特征如何？

4. 试写出蜡样芽孢杆菌的检验基本程序。

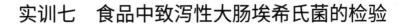

实训七　食品中致泻性大肠埃希氏菌的检验

一、试验目的

1. 了解食品的质量与致泻性大肠埃希氏菌检验的意义。

2. 了解 GB 4789.6—2016 中有关食品中致泻性大肠埃希氏菌检测的规定。

3. 掌握致泻大肠埃希氏菌的生物学特性。

4. 掌握致泻大肠埃希氏菌检验的生化试验的操作方法和结果的判断。

5. 掌握致泻大肠埃希氏菌属血清学试验方法。

6. 掌握食品中致泻性大肠埃希氏菌检验的方法和技术。

二、试验原理

大肠埃希氏菌是人体不可缺少的单细胞生物。大肠埃希氏菌，俗名大肠杆菌（革兰氏阴性短杆菌），周身鞭毛，能运动，无芽孢，是人和动物肠道中的正常栖居菌。大肠埃希氏菌的致病物质之一是血浆凝固酶。

根据致病性的不同，致泻性大肠埃希氏菌被分为产肠毒素性大肠埃希氏菌、肠道侵袭性大肠埃希氏菌、肠道致病性大肠埃希氏菌、肠集聚性黏附性大肠埃希氏菌和肠出血性大肠埃希氏菌 5 种。部分埃希氏菌菌株与婴儿腹泻有关，并可引起成人腹泻或食物中毒的暴发。肠出血性大肠埃希氏菌 O157：H7 是导致 1996 年日本食物中毒暴发的罪魁祸首。它是出血性大肠埃希氏菌中的致病性血清型，主要侵犯小肠远端和结肠。常见中毒食品为各类熟肉制品、冷荤、牛肉、生牛奶，其次为蛋及蛋制品、乳酪及蔬菜、水果、饮料等食品。中毒原因主要是受污染的食品食用前未经彻底加热。中毒多发生在 3 月、9 月。

三、试验材料

参照第十章第三节的内容。

四、试验步骤

参照第十章第四节的内容。

五、检测结果与测定

参照第十章第五节的内容。

六、注意事项

参照第十章第六节的内容。

七、思考题

1. 简述肠产毒型大肠埃希氏菌的致病机制?
2. 肠道致病菌具有哪些生物特性?
3. 肠道致病菌有哪些抗原? 有何特点?
4. 试写出肠道致病菌的检验基本程序。

附录 A 培养基和试剂

A.1 缓冲蛋白胨水（BPW）

A.1.1 成分

蛋白胨	10.0g
氯化钠	5.0g
磷酸氢二钠（含 12 个结晶水）	9.0g
磷酸二氢钾	1.5g
蒸馏水	1000mL

A.1.2 制法

将各成分加入蒸馏水中，搅混均匀，静置约 10min，煮沸溶解，调节 pH 至 7.2 ± 0.2，高压灭菌 121℃，15min。

A.2 四硫磺酸钠煌绿（TTB）增菌液

A.2.1 基础液

蛋白胨	10.0g
牛肉膏	5.0g
氯化钠	3.0g
碳酸钙	45.0g
蒸馏水	1000mL

除碳酸钙外，将各成分加入蒸馏水中，煮沸溶解，再加入碳酸钙，调节 pH 至 7.0 ± 0.2，高压灭菌 121℃，20min。

A.2.2 硫代硫酸钠溶液

硫代硫酸钠（含 5 个结晶水）	50.0g
蒸馏水	加至 100mL
高压灭菌	121℃，20min

A.2.3　碘溶液

碘片	20.0g
碘化钾	25.0g
蒸馏水	加至 100mL

将碘化钾充分溶解于少量的蒸馏水中，再投入碘片，振摇玻璃瓶至碘片全部溶解为止，然后加蒸馏水至规定的总量，贮存于棕色瓶内，塞紧瓶盖备用。

A.2.4　0.5% 煌绿水溶液

煌绿	0.5g
蒸馏水	100mL

溶解后，存放暗处，不少于 1d，使其自然灭菌。

A.2.5　牛胆盐溶液

牛胆盐	10.0g
蒸馏水	100mL

加热煮沸至完全溶解，高压灭菌 121℃，20min。

A.2.6　制法

基础液	900mL
硫代硫酸钠溶液	100mL
碘溶液	20.0mL
煌绿水溶液	2.0mL
牛胆盐溶液	50.0mL

临用前，按上述顺序，以无菌操作依次加入基础液中，每加入一种成分，均应摇匀后再加入另一种成分。

A.3　亚硒酸盐胱氨酸（SC）增菌液

A.3.1　成分

蛋白胨	5.0g
乳糖	4.0g
磷酸氢二钠	10.0g
亚硒酸氢钠	4.0g
L- 胱氨酸	0.01g
蒸馏水	1000mL

A.3.2　制法

除亚硒酸氢钠和 L- 胱氨酸外，将各成分加入蒸馏水中，煮沸溶解，冷至 55℃以下，以无菌操作加入亚硒酸氢钠和 1g/L L- 胱氨酸溶液 10mL（称取 0.1g L- 胱氨酸，加 1mol/L 氢氧化钠溶液 15mL，使溶解，再加无菌蒸馏水至 100mL 即成，如为 DL-胱氨酸，用量应加倍）。摇匀，调节 pH 至 7.0 ± 0.2。

A.4　亚硫酸铋（BS）琼脂

A.4.1　成分

蛋白胨	10.0g
牛肉膏	5.0g
葡萄糖	5.0g
硫酸亚铁	0.3g
磷酸氢二钠	4.0g
煌绿	0.025g 或 5.0g/L 水溶液 5.0mL
柠檬酸铋铵	2.0g
亚硫酸钠	6.0g
琼脂	18.0g～20.0g
蒸馏水	1000mL

A.4.2　制法

将前 3 种成分加入 300mL 蒸馏水（作基础液），硫酸亚铁和磷酸氢二钠分别加入 20mL 和 30mL 蒸馏水中，柠檬酸铋铵和亚硫酸钠分别加入另一 20mL 和 30mL 蒸馏水中，琼脂加入 600mL 蒸馏水中。然后分别搅拌均匀，煮沸溶解。冷至 80℃左右时，先将硫酸亚铁和磷酸氢二钠混匀，倒入基础液中，混匀。将柠檬酸铋铵和亚硫酸钠混匀，倒入基础液中，再混匀。调节 pH 至 7.5 ± 0.2，随即倾入琼脂液中，混合均匀，冷至 50℃～55℃。加入煌绿溶液，充分混匀后立即倾注平皿。

注：本培养基不需要高压灭菌，在制备过程中不宜过分加热，避免降低其选择性，贮于室温暗处，超过 48h 会降低其选择性，本培养基宜于当天制备，第二天使用。

A.5　HE 琼脂（Hektoen Enteric Agar）

A.5.1　成分

蛋白胨	12.0g

牛肉膏	3.0g
乳糖	12.0g
蔗糖	12.0g
水杨素	2.0g
胆盐	20.0g
氯化钠	5.0g
琼脂	18.0g～20.0g
蒸馏水	1000mI
0.4% 溴麝香草酚蓝溶液	16.0mL
Andrade 指示剂	20.0mL
甲液	20.0mL
乙液	20.0mL

A.5.2　制法

将前面 7 种成分溶解于 400mL 蒸馏水内作为基础液；将琼脂加入于 600mL 蒸馏水内。然后分别搅拌均匀，煮沸溶解。加入甲液和乙液于基础液内，调节 pH 至 7.5±0.2。再加入指示剂，并与琼脂液合并，待冷至 50℃～55℃倾注平皿。

注：本培养基不需要高压灭菌，在制备过程中不宜过分加热，避免降低其选择性。

甲液的配制：

硫代硫酸钠	34.0g
柠檬酸铁铵	4.0g
蒸馏水	100mL

乙液的配制：

去氧胆酸钠	10.0g
蒸馏水	100mL

Andrade 指示剂的配制：

酸性复红	0.5g
1mol/L 氢氧化钠溶液	16.0mL
蒸馏水	100mL

将复红溶解于蒸馏水中，加入氢氧化钠溶液。数小时后如复红褪色不全，再加氢氧化钠溶液 1mL～2mL。

A.6 木糖赖氨酸脱氧胆盐（XLD）琼脂

A.6.1 成分

酵母膏	3.0g
L- 赖氨酸	5.0g
木糖	3.75g
乳糖	7.5g
蔗糖	7.5g
去氧胆酸钠	2.5g
柠檬酸铁铵	0.8g
硫代硫酸钠	6.8g
氯化钠	5.0g
琼脂	15.0g
酚红	0.08g
蒸馏水	1000mL

A.6.2 制法

除酚红和琼脂外，将其他成分加入 400mL 蒸馏水中，煮沸溶解，调节 pH 至 7.4±0.2。另将琼脂加入 600mL 蒸馏水中，煮沸溶解。将上述两溶液混合均匀后，再加入指示剂，待冷至50℃～55℃倾注平皿。

注：本培养基不需要高压灭菌，在制备过程中不宜过分加热，避免降低其选择性，贮于室温暗处。本培养基宜于当天制备，第二天使用。

A.7 三糖铁（TSI）琼脂

A.7.1 成分

蛋白胨	20.0g
牛肉膏	5.0g
乳糖	10.0g
蔗糖	10.0g
葡萄糖	1.0g
硫酸亚铁铵（含 6 个结晶水）	0.2g
酚红	0.025g 或 5.0g/L 溶液 5.0mL
氯化钠	5.0g

硫代硫酸钠	0.2g
琼脂	12.0g
蒸馏水	1000mL

A.7.2 制法

除酚红和琼脂外，将其他成分加入 400mL 蒸馏水中，煮沸溶解，调节 pH 至 7.4±0.2。另将琼脂加入 600mL 蒸馏水中，煮沸溶解。将上述两溶液混合均匀后，再加入指示剂，混匀，分装试管，每管 2mL～4mL，高压灭菌 121℃ 10min 或 115℃ 15min，灭菌后制成高层斜面，呈橘红色。

A.8 蛋白胨水、靛基质试剂

A.8.1 蛋白胨水

蛋白胨（或胰蛋白胨）	20.0g
氯化钠	5.0g
蒸馏水	1000mL

将上述成分加入蒸馏水中，煮沸溶解，调节 pH 至 7.4±0.2，分装小试管，121℃ 高压灭菌 15min。

A.8.2 靛基质试剂

A.8.2.1 柯凡克试剂：将 5g 对二甲氨基苯甲醛溶解于 75mL 戊醇中，然后缓慢加入浓盐酸 25mL。

A.8.2.2 欧－波试剂：将 1g 对二甲氨基苯甲醛溶解于 95mL 95% 乙醇内，然后缓慢加入浓盐酸 20mL。

A.8.3 试验方法

挑取小量培养物接种，在 36℃ ±1℃ 培养 1d～2d，必要时可培养 4d～5d。加入柯凡克试剂约 0.5mL，轻摇试管，阳性者于试剂层呈深红色；或加入欧－波试剂约 0.5mL，沿管壁流下，覆盖于培养液表面，阳性者于液面接触处呈玫瑰红色。

注：蛋白胨中应含有丰富的色氨酸。每批蛋白胨买来后，应先用已知的种整定后方可使用。

A.9 尿素琼脂（pH 7.2）

A.9.1 成分

蛋白胨	1.0g

氯化钠	5.0g
葡萄糖	1.0g
磷酸二氢钾	2.0g
0.4% 酚红	3.0mL
琼脂	20.0g
蒸馏水	1000mL
20% 尿素溶液	100mL

A.9.2 制法

除尿素琼脂和酚红外，将其他成分加入 400mL 蒸馏水中，煮沸溶解，调节 pH 至 7.2±0.2。另将琼脂加入 600mL 蒸馏水中，煮沸溶解，将上述两溶液混合均匀后，再加入指示剂后分装，121℃高压灭菌 15min。冷至 50℃～55℃，加入经除菌过滤的尿素溶液。尿素的最终浓度为 2%。分装于无菌试管内，放成斜面备用。

A.9.3 试验方法

挑取琼脂培养物接种，在 36℃±1℃培养 24h，观察结果。尿素酶阳性者由于产碱而使培养基变为红色。

A.10 氰化钾（KCN）培养基

A.10.1 成分

蛋白胨	10.0g
氯化钠	5.0g
磷酸二氢钾	0.225g
磷酸氢二钠	5.64g
蒸馏水	1000mL
0.5% 氯化钾	20.0mL

A.10.2 制法

将除氯化钾以外的成分加入蒸馏水中，煮沸溶解，分装后 121℃高压灭菌 15min。放在冰箱内使其充分冷却。每 100mL 培养基加入 0.5% 氰化钾溶液 2.0mL（最后浓度为 1：10000）。分装于无菌试管内，每管约 4mL，立刻用无菌橡皮塞塞紧，放在 4℃冰箱内，至少可保存两个月。同时，将不加氰化钾的培养基作为对照培养基，分装试管备用。

A.10.3 试验方法

将琼脂培养物接种于蛋白胨水内成为稀释菌液，挑取 1 环接种于氰化钾（KCN）培养基。并另挑取 1 环接种于对照培养基。在 36℃ ±1℃培养 1d～2d，观察结果。如有细菌生长即为阳性（不抑制），经 2d 细菌不生长为阴性（抑制）。

注：氰化钾是剧毒药，使用时应小心，切勿沾染，以免中毒。夏天分装培养基应在冰箱内进行。试验失败的主要原因是封口不严，氧化钾逐渐分解，产生氢氨酸气体逸出，以致药物浓度降低，细菌生长，因而造成假阳性反应。试验时对每一环节都要特别注意。

A.11 赖氨酸脱羧酶试验培养基

A.11.1 成分

蛋白胨	5.0g
酵母浸膏	3.0g
葡萄糖	1.0g
蒸馏水	1000mL
1.6% 溴甲酚紫 - 乙醇溶液	1.0mL
L- 赖氨酸或 DL- 赖氨酸	0.5g/100mL 或 1.0g/100mL

A.11.2 制法

除赖氨酸以外的成分加热溶解后，分装每瓶 100mL，分别加入赖氨酸。L- 赖氨酸按 0.5% 加入，DL- 赖氨酸按 1% 加入。调节 pH 至 6.8 ± 0.2。对照培养基不加赖氨酸。分装于无菌的小试管内，每管 0.5mL，上面滴加一层液体石蜡，115℃高压灭菌 10min。

A.11.3 试验方法

从琼脂斜面上挑取培养物接种，于 36℃ ±1℃培养 18h～24h，观察结果。氨基酸脱羧酶阳性者由于产碱，培养基应呈紫色。阴性者无碱性产物，但因葡萄糖产酸而使培养基变为黄色。对照管应为黄色。

A.12 糖发酵管

A.12.1 成分

牛肉膏	5.0g
蛋白胨	10.0g
氯化钠	3.0g
磷酸氢二钠（含 12 个结晶水）	2.0g

| 0.2% 溴麝香草酚蓝溶液 | 12.0mL |
| 蒸馏水 | 1000mL |

A.12.2　制法

A.12.2.1　葡萄糖发酵管按上述成分配好后，调节 pH 至 7.4±0.2。按 0.5% 加入葡萄糖，分装于有一个倒置小管的小试管内，121℃高压灭菌 15min。

A.12.2.2　其他各种糖发酵管可按上述成分配好后，分装每瓶 100mL，121℃高压灭菌 15min。另将各种糖类分别配 10% 溶液，同时高压灭菌。将 5mL 糖溶液加入 100mL 培养基内，以无菌操作分装小试管。

注：蔗糖不纯，加热后会自行水解者，应采用过滤法除菌。

A.12.3　试验方法

从琼脂斜面上挑取小量培养物接种，于 36℃±1℃培养，一般 2d～3d。迟缓反应需观察 14d～30d。

A.13　邻硝基酚 -β-D 半乳糖苷（ONPG）培养基

A.13.1　成分

邻硝基酚 -β-D 半乳糖苷（ONPG）	60.0mg
（O-Nitrophenyl-β-D-galactopyranoside）	
0.01mol/L 磷酸钠缓冲液（pH7.5）	10.0mL
1% 蛋白胨水（pH7.5）	30.0mL

A.13.2　制法

将 ONPG 溶于缓冲液内，加入蛋白胨水，以过滤法除菌，分装于无菌的小试管内，每管 0.5mL，用橡皮塞塞紧。

A.13.3　试验方法

自琼脂斜面上挑取培养物 1 满环接种于 36℃±1℃培养 1h～3h 和 24h 观察结果。如果产生 β- 半乳糖苷酶，则于 1h～3h 变黄色，如无此酶则 24h 不变色。

A.14　半固体琼脂

A.14.1　成分

| 牛肉膏 | 0.3g |
| 蛋白胨 | 1.0g |

氯化钠	0.5g
琼脂	0.35g～0.4g
蒸馏水	100mL

A.14.2　制法

按以上成分配好，煮沸溶解，调节 pH 至 7.4±0.2。分装小试管。121℃高压灭菌15min。直立凝固备用。

注：供动力观察、菌种保存、H 抗原位相变异试验等用。

A.15　丙二酸钠培养基

A.15.1　成分

酵母浸膏	1.0g
硫酸铵	2.0g
磷酸氢二钾	0.6g
磷酸二氢钾	0.4g
氯化钠	2.0g
丙二酸钠	3.0g
0.2% 溴麝香草酚蓝溶液	12.0mL
蒸馏水	1000mL

A.15.2　制法

除指示剂以外的成分溶解于水，调节 pH 至 6.8±0.2，再加入指示剂，分装试管，121℃高压灭菌 15min。

A.15.3　试验方法

用新鲜的琼脂培养物接种，于 36℃±1℃培养 48h，观察结果。阳性者由绿色变为蓝色。

A.16　7.5% 氯化钠肉汤

A.16.1　成分

蛋白胨	10.0g
牛肉膏	5.0g
氯化钠	75g

| 蒸馏水 | 1000mL |

A.16.2 制法

将上述成分加热溶解，调节 pH 至 7.4 ± 0.2，分装，每瓶 225mL，121℃高压灭菌 15min。

A.17 血琼脂平板

A.17.1 成分

| 豆粉琼脂（pH7.5 ± 0.2） | 100mL |
| 脱纤维羊血（或兔血） | 5mL～10mL |

A.17.2 制法

加热溶化琼脂，冷却至 50℃，以无菌操作加入脱纤维羊血，摇匀，倾注平板。

A.18 Baird–Parker 琼脂平板

A.18.1 成分

胰蛋白胨	10.0g
牛肉膏	5.0g
酵母膏	1.0g
丙酮酸钠	10.0g
甘氨酸	12.0g
氯化锂（LiCl·6H$_2$O）	5.0g
琼脂	20.0g
蒸馏水	950mL

A.18.2 增菌剂的配法

30% 卵黄盐水 50mL 与通过 0.22μm 孔径滤膜进行过滤除菌的 1% 亚硒酸钾溶液 10mL 混合，保存于冰箱内。

A.18.3 制法

将各成分加到蒸馏水中，加热煮沸至完全溶解，调节 pH 至 7.0 ± 0.2。分装每瓶 95mL，121℃高压灭菌 15min。临用时加热溶化琼脂，冷至 50℃，每 95mL 加入预热至 50℃的卵黄亚硒酸钾增菌剂 5mL 摇匀后倾注平板。培养基应是致密不透明的。使用前在冰箱贮存不得超过 48h。

A.19 脑心浸出液肉汤（BHI）

A.19.1 成分

胰蛋白质胨	10.0g
氯化钠	5.0g
磷酸氢二钠（$12H_2O$）	2.5g
葡萄糖	2.0g
牛心浸出液	500mL

A.19.2 制法

加热溶解，调节 pH 至 7.4 ± 0.2，分装 16mm × 160mm 试管，每管 5mL 置 121℃ 15min 灭菌。

A.20 兔血浆

取柠檬酸钠 3.8g，加蒸馏水 100mL，溶解后过滤，装瓶，121℃高压灭菌 15min。兔血浆制备：取 3.8% 柠檬酸钠溶液一份，加兔全血 4 份，混好静置（或以 3000r/min 离心 30min），使血液细胞下降，即可得血浆。

A.21 磷酸盐缓冲液

A.21.1 成分

磷酸二氢钾（KH_2PO_4）	34.0g
蒸馏水	500mL

A.21.2 制法

贮存液：称取 34.0g 的磷酸二氢钾溶于 500mL 蒸馏水中，用大约 175mL 的 1mol/L 氢氧化钠溶液调节 pH 至 7.2，用蒸馏水稀释至 1000mL 后贮存于冰箱。

稀释液：取贮存液 1.25mL，用蒸馏水稀释至 1000mL，分装于适宜容器中，121℃ 高压灭菌 15min。

A.22 营养琼脂小斜面

A.22.1 成分

蛋白胨	10.0g
牛肉膏	3.0g

氯化钠	5.0g
琼脂	15.0g～20.0g
蒸馏水	1000mL

A.22.2　制法

将除琼脂以外的各成分溶解于蒸馏水内，加入 15% 氢氧化钠溶液约 2mL 调节 pH 至 7.3 ± 0.2。加入琼脂，加热煮沸，使琼脂溶化，分装 13mm × 130mm 试管，121℃高 压灭菌 15min。

A.23　革兰氏染色液

A.23.1　结晶紫染色液

A.23.1.1　成分

结晶紫	1.0g
95% 乙醇	20.0mL
1% 草酸铵水溶液	80.0mL

A.23.1.2　制法
将结晶紫完全溶解于乙醇中，然后与草酸铵溶液混合。

A.23.2　革兰氏碘液

A.23.2.1　成分

碘	1.0g
碘化钾	2.0g
蒸馏水	300mL

A.23.2.2　制法
将碘与碘化钾先行混合，加入蒸馏水少许充分振摇，待完全溶解后，再加蒸馏水 至 300mL。

A.23.3　沙黄复染液

A.23.3.1　成分

沙黄	0.25g
95% 乙醇	10.0mL
蒸馏水	90.0mL

A.23.3.2　制法
将沙黄溶解于乙醇中，然后用蒸馏水稀释。

A.23.4　染色法

涂片在火焰上固定，滴加结晶紫染液，染 1min，水洗。

滴加革兰氏碘液，作用 1min，水洗。

滴加 95% 乙醇脱色 15s～30s，直至染色液被洗掉，不要过分脱色，水洗。

滴加复染液，复染 1min，水洗、待干、镜检。

A.24　无菌生理盐水

A.24.1　成分

氯化钠	8.5g
蒸馏水	1000mL

A.24.2　制法

称取 8.5g 氯化钠溶于 1000mL 蒸馏水中，121℃高压灭菌 15min。

A.25　改良胰蛋白胨大豆肉汤培养基（modified tryptone soybean broth，mTSB）

A.25.1　基础培养基（胰蛋白胨大豆肉汤，TSB）

A.25.1.1　成分

胰蛋白胨	17.0g
大豆蛋白胨	3.0g
氯化钠	5.0g
磷酸二氢钾（无水）	2.5g
葡萄糖	2.5g
蒸馏水	1000.0mL

A.25.1.2　制法

将 A.25.1.1 中各成分溶于蒸馏水中，加热溶解，调节 pH 至 7.3 ± 0.2，121℃灭菌 15min，备用。

A.25.2　抗生素溶液

A.25.2.1　多黏菌素溶液：称取 10mg 多黏菌素 B 于 10mL 灭菌蒸馏水中，振摇混匀，充分溶解后过滤除菌。

A.25.2.2　萘啶酮酸钠溶液：称取 10 mg 萘啶酮酸于 10mL 0.05 mol/L 氢氧化钠溶液中，振摇混匀，充分溶解后过滤除菌。

A.25.3　完全培养基

A.25.3.1　成分

胰蛋白胨大豆肉汤（TSB）	1000.0mL
多黏菌素溶液	10.0mL
萘啶酮酸钠溶液	10.0mL

A.25.3.2　制法

无菌条件下，将 A.25.3.1 中各成分进行混合，充分混匀，分装备用。

A.26　哥伦比亚 CNA 血琼脂

A.26.1　成分

胰酪蛋白胨	12.0g
动物组织蛋白消化液	5.0g
酵母提取物	3.0g
牛肉提取物	3.0g
玉米淀粉	1.0g
氯化钠	5.0g
琼脂	13.5g
多黏菌素	0.01g
萘啶酸	0.01g
蒸馏水	1000.0mL

A.26.2　制法

将 A.26.1 中各成分溶于蒸馏水中，加热溶解，调节 pH 至 7.3 ± 0.2，121℃灭菌 12 min，待冷却至 50℃左右时加 50mL；无菌脱纤维绵羊血，摇匀后倒平板。

A.27　哥伦比亚血琼脂

A.27.1　基础培养基

A.27.1.1　成分

动物组织酶解物	23.0g
淀粉	1.0g
氯化钠	5.0g
琼脂	8.0g～18.0g

蒸馏水   1000.0mL

A.27.1.2　制法

将基础培养基成分溶解于蒸馏水中，加热促其溶解。121℃高压灭菌15min。

A.27.2　无菌脱纤维绵羊血

无菌操作条件下，将绵羊血加入盛有灭菌玻璃珠的容器中，振摇约10min，静置后除去附有血纤维的玻璃珠即可。

A.27.3　完全培养基

A.27.3.1　组分

基础培养基   1000.0mL

无菌脱纤维绵羊血   50.0mL

A.27.3.2　制法

当基础培养基的温度为45℃左右时，无菌加入绵羊血，混匀，调节pH至7.2±0.2。倾注15mL于无菌平皿中，静置至培养基凝固。使用前需预先干燥平板。预先制备的平板未干燥时在室温放置不得超过4h，或在4℃冷藏不得超过7d。

A.28　革兰氏染色液

A.28.1　结晶紫染色液基础培养基

A.28.1.1　成分

结晶紫   1.0g

95%乙醇   20.0mL

1%草酸铵水溶液   80.0mL

A.28.1.2　制法

将结晶紫完全溶解于乙醇中，然后与草酸铵溶液混合。

A.28.2　革兰氏碘液

A.28.2.1　成分

碘   1.0g

碘化钾   2.0g

蒸馏水   300.0mL

A.28.2.2　制法

将碘与碘化钾先进行混合，加入蒸馏水少许充分振摇，待完全溶解后，再加蒸馏水至 300mL。

A.28.3 沙黄复染液

A.28.3.1 成分

沙黄	0.25g
95% 乙醇	10.0mL
蒸馏水	90.0mL

A.28.3.2 制法

将沙黄溶解于乙醇中，然后用蒸馏水稀释。

A.28.4 染色操作步骤

将涂片在酒精灯火焰上固定，滴加结晶紫染色液，染 1min，水洗；滴加革兰氏碘液，作用 1min，水洗；滴加 95% 乙醇脱色，15s～30s，直至染色液被洗掉，不要过分脱色，水洗；滴加复染液，复染 1min，水洗后进行干燥，镜检。

A.29 胰蛋白胨大豆肉汤（TSB）

A.29.1 成分

胰蛋白胨	17.0g
大豆蛋白胨	3.0g
氯化钠	5.0g
磷酸二氢钾（无水）	2.5g
葡萄糖	2.5g
蒸馏水	1000.0mL

A.29.2 制法

将 A.29.1 中各成分溶于蒸馏水中，加热溶解，调节 pH 至 7.3 ± 0.2，121℃灭菌 15min，分装备用。

A.30 草酸钾血浆

A.30.1 成分

草酸钾	0.01g
人血	5.0mL

A.30.2 制法

草酸钾 0.01g 放入灭菌小试管中，再加入 5mL 人血，混匀，经离心沉淀，吸取上清液即为草酸钾血浆。

A.31 0.25% 氯化钙（CaCl₂）溶液

A.31.1 成分

氯化钙（无水）	22.2g
蒸馏水	1000.0mL

A.31.2 制法

称取 22.2g 氯化钙（无水）溶于蒸馏水中，分装备用。

A.32 3% 过氧化氢（H₂O₂）溶液

A.32.1 成分

30% 过氧化氢（H₂O₂）溶液	100.0mL
蒸馏水	900.0mL

A.32.2 制法

吸取 100mL 30% 过氧化氢（H₂O₂）溶液，溶于蒸馏水中，混匀，分装备用。

A.33 3% 氯化钠碱性蛋白胨水

A.33.1 成分

蛋白胨	10.0g
氯化钠	30.0g
蒸馏水	1000.0mL

A.33.2 制法

将 A.33.1 中成分溶于蒸馏水中，调节 pH 至 8.5 ± 0.2，121℃高压灭菌 10min。

A.34 硫代硫酸盐 – 柠檬酸盐 – 胆盐 – 蔗糖（TCBS）琼脂

A.34.1 成分

蛋白胨	10.0g

酵母浸膏	5.0g
柠檬酸钠（$C_6H_5O_7Na_3 \cdot 2H_2O$）	10.0g
硫代硫酸钠（$Na_2S_2O_3 \cdot 5H_2O$）	10.0g
氯化钠	10.0g
牛胆汁粉	5.0g
柠檬酸铁	1.0g
胆酸钠	3.0g
蔗糖	20.0g
溴麝香草酚蓝	0.04g
麝香草酚蓝	0.04g
琼脂	15.0g
蒸馏水	1000.0mL

A.34.2　制法

将 A.34.1 中成分溶于蒸馏水中，调节 pH 至 8.6 ± 0.2，加热煮沸至完全溶解。冷至 50℃左右倾注平板备用。

A.35　3% 氯化钠胰蛋白胨大豆琼脂

A.35.1　成分

胰蛋白胨	15.0g
大豆蛋白胨	5.0g
氯化钠	30.0g
琼脂	15.0g
蒸馏水	1000.0mL

A.35.2　制法

将 A.35.1 中成分溶于蒸馏水中，调节 pH 至 7.3 ± 0.2，121℃高压灭菌 15min。

A.36　3% 氯化钠三糖铁琼脂

A.36.1　成分

蛋白胨	15.0g
蛋白胨	5.0g
牛肉膏	3.0g

酵母浸膏	3.0g
氯化钠	30.0g
乳糖	10.0g
蔗糖	10.0g
葡萄糖	1.0g
硫酸亚铁（$FeSO_4$）	0.2g
苯酚红	0.024g
硫代硫酸钠（$Na_2S_2O_3$）	0.3g
琼脂	12.0g
蒸馏水	1000.0mL

A.36.2 制法

将 A.36.1 中成分溶于蒸馏水中，调节 pH 至 7.4±0.2。分装到适当容量的试管中，121℃高压灭菌 15min。制成高层斜面，斜面长为 4cm～5cm，高层深度为 2cm～3cm。

A.37 嗜盐性试验培养基

A.37.1 成分

胰蛋白胨	10.0g
氯化钠	按不同量加入
蒸馏水	1000.0mL

A.37.2 制法

将 A.37.1 中成分溶于蒸馏水中，调节 pH 至 7.2±0.2，共配制 5 瓶，每瓶 100mL。每瓶分别加入不同量的氯化钠：①不加；②3g；③6g；④8g；⑤10g。分装试管，121℃高压灭菌 15min。

A.38 3% 氯化钠甘露醇试验培养基

A.38.1 成分

牛肉膏	5.0g
蛋白胨	10.0g
氯化钠	30.0g
磷酸氢二钠（$Na_2HPO_4 \cdot 12H_2O$）	2.0g
甘露醇	5.0g

| 溴麝香草酚蓝 | 0.024g |
| 蒸馏水 | 1000.0mL |

A.38.2 制法

将 A.38.1 中成分溶于蒸馏水中，调节 pH 至 7.4±0.2，分装小试管，121℃高压灭菌 10min。

A.38.3 试验方法

从琼脂斜面上挑取培养物接种，于 36℃±1℃培养不少于 24h，观察结果。甘露醇阳性者培养物呈黄色，阴性者为绿色或蓝色。

A.39 3% 氯化钠赖氨酸脱羧酶试验培养基

A.39.1 成分

蛋白胨	5.0g
酵母浸膏	3.0g
葡萄糖	1.0g
溴甲酚紫	0.02g
L- 赖氨酸	5.0g
氯化钠	30.0g
蒸馏水	1000.0mL

A.39.2 制法

除赖氨酸以外的成分溶于蒸馏水中，调节 pH 至 6.8±0.2。再按 0.5% 的比例加入赖氨酸，对照培养基不加赖氨酸。分装小试管，每管 0.5mL，121℃高压灭菌 15min。

A.39.3 试验方法

从琼脂斜面上挑取培养物接种，于 36℃±1℃培养不少于 24h，观察结果。赖氨酸脱羧酶阳性者由于产碱中和葡萄糖产酸，故培养基仍应呈紫色。阴性者无碱性产物，但因葡萄糖产酸而使培养基变为黄色。对照管应为黄色。

A.40 3% 氯化钠 MR-VP 培养基

A.40.1 成分

| 多胨 | 7.0g |

葡萄糖	5.0g
磷酸氢二钾（K_2HPO_4）	5.0g
氯化钠	30.0g
蒸馏水	1000.0mL

A.40.2　制法

将 A.40.1 中成分溶于蒸馏水中，调节 pH 至 6.9 ± 0.2，分装试管，121℃高压灭菌 15min。

A.41　3% 氯化钠溶液

A.41.1　成分

氯化钠	30.0g
蒸馏水	1000.0mL

A.41.2　制法

将氯化钠溶于蒸馏水中，调节 pH 至 7.2 ± 0.2，121℃高压灭菌 15min。

A.42　我妻氏血琼脂

A.42.1　成分

酵母浸膏	3.0g
蛋白胨	10.0g
氯化钠	70.0g
磷酸氢二钾（K_2HPO_4）	5.0g
甘露醇	10.0g
结晶紫	0.001g
琼脂	15.0g
蒸馏水	1000.0mL

A.42.2　制法

将 A.42.1 中成分溶于蒸馏水中，调节 pH 至 8.0 ± 0.2，加热至 100℃，保持 30min，冷至 45℃～50℃，与 50mL 预先洗涤的新鲜人或兔红细胞（含抗凝血剂）混合，倾注平板。干燥平板，尽快使用。

A.43　氧化酶试剂

A.43.1　成分

N, N, N', N' - 四甲基对苯二胺盐酸盐	1.0g
蒸馏水	100.0mL

A.43.2　制法

将 N, N, N', N' - 四甲基对苯二胺盐酸盐溶于蒸馏水中，2℃～5℃冰箱内避光保存，在 7d 之内使用。

A.43.3　试验方法

用细玻璃棒或一次性接种针挑取新鲜（24h）菌落，涂布在氧化酶试剂湿润的滤纸上。如果滤纸在 10s 之内呈现粉红或紫红色，即为氧化酶试验阳性。不变色为氧化酶试验阴性。

A.44　革兰氏染色液

A.44.1　结晶紫染色液

A.44.1.1　成分

结晶紫	1.0g
95% 乙醇	20.0mL
1% 草酸铵水溶液	80.0mL

A.44.1.2　制法

将结晶紫完全溶解于乙醇中，然后与草酸铵溶液混合。

A.44.2　革兰氏碘液

A.44.2.1　成分

碘	1.0g
碘化钾	2.0g
蒸馏水	300.0mL

A.44.2.2　制法

将碘与碘化钾先进行混合，加入蒸馏水少许充分振摇，待完全溶解后，再加蒸馏水至 300mL。

A.44.3　沙黄复染液

A.44.3.1　成分

沙黄	0.25g
95% 乙醇	10.0mL
蒸馏水	90.0mL

A.44.3.2　制法

将沙黄溶解于乙醇中，然后用蒸馏水稀释。

A.44.4　染色法

A.44.4.1　将涂片在酒精灯火焰上固定，滴加结晶紫染色液，染 1min，水洗。

A.44.4.2　滴加革兰氏碘液，作用 1min，水洗。

A.44.4.3　滴加 95% 乙醇脱色，15s～30s，直至染色液被洗掉，不要过分脱色，水洗。

A.44.4.4　滴加复染液，复染 1min。水洗、待干、镜检。

A.45　ONPG 试剂

A.45.1　缓冲液

A.45.1.1　成分

磷酸二氢钠（$NaH_2PO_4 \cdot H_2O$）	6.9g
蒸馏水加至	50.0mL

A.45.1.2　制法

将磷酸二氢钠溶于蒸馏水中，校正 pH 至 7.0。缓冲液置 2℃～5℃冰箱保存。

A.45.2　ONPG 溶液

A.45.2.1　成分

邻硝基酚 -β-D- 半乳糖苷（ONPG）	0.08g
蒸馏水	15.0mL
缓冲液	5.0mL

A.45.2.2　制法

将 ONPG 在 37℃的蒸馏水中溶解，加入缓冲液。ONPG 溶液置 2℃～5℃冰箱保存。试验前，将所需用量的 ONPG 溶液加热至 37℃。

A.45.3　试验方法

将待检培养物接种 3% 氯化钠三糖铁琼脂，36℃ ±1℃培养 18h。挑取 1 满环新鲜培养物接种于 0.25mL 3% 氯化钠溶液，在通风橱中，滴加 1 滴甲苯，摇匀后置 37℃ 水浴 5min。加 0.25mL ONPG 溶液，36℃ ±1℃ 培养观察 24h。阳性结果呈黄色。阴性结果则 24h 不变色。

A.46　Voges–Proskauer（V–P）试剂

A.46.1　成分

甲液：

α- 萘酚	5.0g
无水乙醇	100.0mL

乙液：

氢氧化钾	40.0g
用蒸馏水加至	100.0mL

A.46.2　试验方法

将 3% 氯化钠胰蛋白胨大豆琼脂生长物接种 3% 氯化钠 MR-VP 培养基，36℃ ±1℃ 培养 48h。取 1mL 培养物转放到一个试管内，加 0.6mL 甲液，摇动。加 0.2mL 乙液，摇动。加入 3mg 肌酸结晶，4h 后观察结果。阳性结果呈现伊红的粉红色。

A.47　磷酸盐缓冲液（PBS）

A.47.1　成分

磷酸二氢钾	34.0g
蒸馏水	500.0mL

A.47.2　制法

贮存液：称取 34.0g 的磷酸二氢钾溶于 500mL 蒸馏水中，用大约 175mL 的 1mol/L 氢氧化钠溶液调节 pH 至 7.2，用蒸馏水稀释至 1000mL 后贮存于冰箱。

稀释液：取贮存液 1.25mL，用蒸馏水稀释至 1000mL，分装于适宜容器中，121℃ 高压灭菌 15min。

A.48　甘露醇卵黄多黏菌素（MYP）琼脂

A.48.1　成分

蛋白胨	10.0g

牛肉粉	1.0g
D-甘露醇	10.0g
氯化钠	10.0g
琼脂粉	12.0g～15.0g
0.2%酚红溶液	13.0mL
50%卵黄液	50.0mL
多黏菌素B	100000IU
蒸馏水	950.0mL

A.48.2 制法

将A.48.1前5种成分加入950mL蒸馏水中，加热溶解，调节pH至7.3±0.1，加入酚红溶液。分装，每瓶95mL，121℃高压灭菌15min。临用时加热溶化琼脂，冷却至50℃，每瓶加入50%卵黄液5mL和浓度为10000IU的多黏菌素B溶液1mL，混匀后倾注平板。

A.48.3 50%卵黄液

取鲜鸡蛋，用硬刷将蛋壳彻底洗净，沥干，于70%酒精溶液中浸泡30min。用无菌操作取出卵黄，加入等量灭菌生理盐水，混匀后备用。

A.48.4 多黏菌素B溶液

在50mL灭菌蒸馏水中溶解500000IU的无菌硫酸盐多黏菌素B。

A.49 胰酪胨大豆多黏菌素肉汤

A.49.1 成分

胰酪胨（或酪蛋白胨）	17.0g
植物蛋白胨（或大豆蛋白胨）	3.0g
氯化钠	5.0g
无水磷酸氢二钾	2.5g
葡萄糖	2.5g
多黏菌素B	100IU/mL
蒸馏水	1000.0mL

A.49.2 制法

将A.49.1前5种成分加入蒸馏水中，加热溶解，调节pH至7.3±0.2，121℃高压灭菌 15min。临用时加入多黏菌素 B 溶液混匀即可。多黏菌素 B 溶液制法同 A.48.4。

A.50 营养琼脂

A.50.1 成分

蛋白胨	10.0g
牛肉膏	5.0g
氯化钠	5.0g
琼脂粉	12.0g～15.0g
蒸馏水	1 000.0mL

A.50.2 制法

将 A.50.1 所述成分溶解于蒸馏水内，调节 pH 至 7.2±0.2，加热使琼脂溶化。121℃高压灭菌 15min，备用。

A.51 过氧化氢溶液

A.51.1 试剂

3% 过氧化氢溶液：临用时配制，用 H_2O_2 配制。

A.51.2 试验方法

用细玻璃棒或一次性接种针挑取单个菌落，置于洁净试管内，滴加 3% 过氧化氢溶液 2mL，观察结果。

A.51.3 结果

于 30s 内发生气泡者为阳性，不发生气泡者为阴性。

A.52 动力培养基

A.52.1 成分

胰酪胨（或酪蛋白胨）	10.0g
酵母粉	2.5g
葡萄糖	5.0g
无水磷酸氢二钠	2.5g
琼脂粉	3.0g～5.0g
蒸馏水	1000.0mL

A.52.2 制法

将 A.52.1 所述成分溶解于蒸馏水内，调节 pH 至 7.2 ± 0.2，加热溶解。分装每管 2mL～3mL。115℃高压灭菌 20min，备用。

A.52.3 试验方法

用接种针挑取培养物穿刺接种于动力培养基中，30℃ ± 1℃培养 48h ± 2h。蜡样芽孢杆菌应沿穿刺线呈扩散生长，而蕈状芽孢杆菌常呈绒毛状生长，形成蜂巢状扩散。动力试验也可用悬滴法检查。蜡样芽孢杆菌和苏云金芽孢杆菌通常运动极为活泼，而炭疽杆菌则不运动。

A.53 硝酸盐肉汤

A.53.1 成分

蛋白胨	5.0g
硝酸钾	0.2g
蒸馏水	1000.0mL

A.53.2 制法

将 A.53.1 所述成分溶解于蒸馏水。调节 pH 至 7.4，分装每管 5mL，121℃高压灭菌 15min。

A.53.3 硝酸盐还原试剂

甲液：

将对氨基苯磺酸 0.8g 溶解于 2.5mol/L 乙酸溶液 100mL 中。

乙液：

将甲萘胺 0.5g 溶解于 2.5mol/L 乙酸溶液 100mL 中。

A.53.4 试验方法

接种后在 36℃ ± 1℃培养 24h～72h。加甲液和乙液各 1 滴，观察结果，阳性反应立即或数分钟内显红色。如为阴性，可再加入锌粉少许，如出现红色，表示硝酸盐未被还原，为阴性。反之，则表示硝酸盐已被还原，为阳性。

A.54 酪蛋白琼脂

A.54.1 成分

酪蛋白	10.0g

牛肉粉	3.0g
无水磷酸氢二钠	2.0g
氯化钠	5.0g
琼脂粉	12.0g～15.0g
蒸馏水	1000.0mL
0.4% 溴麝香草酚蓝溶液	12.5mL

A.54.2　制法

除溴麝香草酚蓝溶液外，将 A.54.1 所述各成分加热溶于蒸馏水中（否则酪蛋白不会溶解）。调节 pH 至 7.4 ± 0.2，加入溴麝香草酚蓝溶液，121℃高压灭菌 15min 后倾注平板。

A.54.3　试验方法

用接种环挑取可疑菌落，点种于酪蛋白琼脂培养基上，36℃ ±1℃培养 48h ± 2h，阳性反应菌落周围培养基应出现澄清透明区（表示产生酪蛋白酶）。阴性反应时应继续培养 72h 再观察。

A.55　硫酸锰营养琼脂培养基

A.55.1　成分

胰蛋白胨	5.0g
葡萄糖	5.0g
酵母浸膏	5.0g
磷酸氢二钾	4.0g
3.08% 硫酸锰（$MnSO_4 \cdot H_2O$）	1.0mL
琼脂粉	12.0g～15.0g
蒸馏水	1000.0mL

A.55.2　制法

将 A.55.1 所述成分溶解于蒸馏水。调节 pH 至 7.2 ± 0.2。121℃高压灭菌 15min，备用。

A.56　0.5% 碱性复红

A.56.1　成分

| 碱性复红 | 0.5g |

乙醇	20.0mL
蒸馏水	80.0mL

A.56.2　制法

取碱性复红 0.5g 溶解于 20mL 乙醇中，再用蒸馏水稀释至 100mL，滤纸过滤后贮存备用。

A.57　动力培养基

A.57.1　成分

蛋白胨	10.0g
牛肉浸粉	3.0g
琼脂	4.0g
氯化钠	5.0g
蒸馏水	1000.0mL

A.57.2　制法

将 A.57.1 所述成分溶解于蒸馏水。调节 pH 至 7.2±0.2，分装小试管，121℃高压灭菌 15min，备用。

A.58　糖发酵管

A.58.1　成分

牛肉粉	5.0g
蛋白胨	10.0g
氯化钠	3.0g
磷酸氢二钠（$Na_2HPO_4 \cdot 12H_2O$）	2.0g
0.2% 溴麝香草酚蓝溶液	12.0mL
蒸馏水	1000.0mL

A.58.2　制法

A.58.2.1　糖发酵管按 A.58.1 所述成分配好后，调节 pH 至 7.2±0.2，按 0.5% 加入葡萄糖，分装于一个有倒置小管的小试管内，115℃高压灭菌 15min。

A.58.2.2　其他各种糖发酵管按 A.58.1 所述成分配好后，分装每瓶 100mL，115℃高压灭菌 15min。另将各种糖类分别配好 10% 溶液，同时 115℃高压灭菌 15min。将 5mL

糖溶液加入 100mL 培养基内，以无菌操作分装小试管。

注：蔗糖不纯，加热后会自行水解者，应采用过滤法除菌。

A.58.3　试验方法

挑取可疑菌落接种于葡萄糖发酵管中，厌氧条件下 36℃ ±1℃培养 24h±2h。培养基由红色变为黄色者表明该菌在厌氧条件下能发酵葡萄糖。

A.59　V-P 培养基

A.59.1　成分

磷酸氢二钾	5.0g
蛋白胨	7.0g
葡萄糖	5.0g
氯化钠	5.0g
蒸馏水	1000.0mL

A.59.2　制法

将 A.59.1 所述成分溶解于蒸馏水，调节 pH 至 7.0±0.2，分装每管 1mL。115℃高压灭菌 20min，备用。

A.59.3　试验方法

用营养琼脂培养物接种于本培养基中，36℃ ±1℃培养 48h～72h。加入 6%α-萘酚－乙醇溶液 0.5mL 和 40% 氢氧化钾溶液 0.2mL，充分振摇试管，观察结果，阳性反应立即或于数分钟内出现红色。如为阴性，应放在 36℃ ±1℃培养 4h 再观察。

A.60　胰酪胨大豆羊血（TSSB）琼脂

A.60.1　成分

胰酪胨（或酪蛋白胨）	15.0g
植物蛋白胨（或大豆蛋白胨）	5.0g
氯化钠	5.0g
无水磷酸氢二钾	2.5g
葡萄糖	2.5g
琼脂粉	12.0g～15.0g
蒸馏水	1000.0mL

A.60.2　制法

将 A.60.1 所述各成分于蒸馏水中加热溶解。调节 pH 至 7.2±0.2，分装每瓶 100mL。121℃高压灭菌 15min。水浴中冷却至 45℃～50℃，每 100mL 加入 5mL～10mL 无菌脱纤维羊血，混匀后倾注平板。

A.61　溶菌酶营养肉汤

A.61.1　成分

牛肉粉	3.0g
蛋白胨	5.0g
蒸馏水	990.0mL
0.1% 溶菌酶溶液	10.0mL

A.61.2　制法

除溶菌酶溶液外，将 A.61.1 所述成分溶解于蒸馏水。调节 pH 至 6.8±0.1，分装每瓶 99mL。121℃高压灭菌 15min。每瓶加入 0.1% 溶菌酶溶液 1mL，混匀后分装灭菌试管，每管 2.5mL。0.1% 溶菌酶溶液配制：在 65mL 灭菌的 0.1mol/L 盐酸中加入 0.1g 溶菌酶，隔水煮沸 20min 溶解后，再用灭菌的 0.1mol/L 盐酸稀释至 100mL。或者称取 0.1g 溶菌酶溶于 100mL 的无菌蒸馏水后，用孔径为 0.45μm 硝酸纤维膜过滤。使用前测试是否无菌。

A.61.3　试验方法

用接种环取纯菌悬液一环，接种于溶菌酶肉汤中，36℃±1℃培养 24h。蜡样芽孢杆菌在本培养基（含 0.001% 溶菌酶）中能生长。如出现阴性反应，应继续培养 24h。

A.62　西蒙氏柠檬酸盐培养基

A.62.1　成分

氯化钠	5.0g
硫酸镁（$MgSO_4 \cdot 7H_2O$）	0.2g
磷酸二氢铵	1.0g
磷酸氢二钾	1.0g
柠檬酸钠	1.0g
琼脂粉	12.0g～15.0g
蒸馏水	1000.0mL

0.2％溴麝香草酚蓝溶液　　　　　　　　　　　　40.0mL

A.62.2　制法

除溴麝香草酚蓝溶液和琼脂外，将 A.62.1 所述各成分溶解于 1000.0mL 蒸馏水内，调节 pH 至 6.8，再加琼脂，加热溶化。然后加入溴麝香草酚蓝溶液，混合均匀后分装试管，121℃高压灭菌 15min。制成斜面。

A.62.3　试验方法

挑取少量琼脂培养物接种于西蒙氏柠檬酸培养基，36℃±1℃培养 4d。每天观察结果，阳性者斜面上有菌落生长，培养基从绿色转为蓝色。

A.63　明胶培养基

A.63.1　成分

蛋白胨	5.0g
牛肉粉	3.0g
明胶	120.0g
蒸馏水	1000.0mL

A.63.2　制法

将 A.63.1 所述成分混合，置流动蒸汽灭菌器内，加热溶解，调节 pH 至 7.4～7.6，过滤。分装试管，121℃高压灭菌 10min，备用。

A.63.3　试验方法

挑取可疑菌落接种于明胶培养基，36℃±1℃培养 24h±2h，取出，2℃～8℃放置 30min，取出，观察明胶液化情况。

A.64　志贺氏菌增菌肉汤－新生霉素（Shigellabroth）

A.64.1　志贺氏菌增菌肉汤

A.64.1.1　成分

胰蛋白胨	20.0g
葡萄糖	1.0g
磷酸氢二钾	2.0g
磷酸二氢钾	2.0g
氯化钠	5.0g

吐温 80（Tween80）	1.5mL
蒸馏水	1000.0mL

A.64.1.2　制法

将以上成分混合加热溶解，冷却至 25℃左右调节 pH 至 7.0±0.2，分装适当的容器，121℃灭菌 15min。取出后冷却至 50℃~55℃，加入除菌过滤的新生霉素溶液（0.5μg/mL），分装 225mL 备用。

注：如不立即使用，在 2℃~8℃条件下可贮存 1 个月。

A.64.2　新生霉素溶液

A.64.2.1　成分

新生霉素	25.0mg
蒸馏水	1000.0mL

A.64.2.2　制法

将新生霉素溶解于蒸馏水中，用 0.22μm 过滤膜除菌，如不立即使用，在 2℃~8℃条件下可贮存 1 个月。

A.64.3　临用时每 225mL 志贺氏菌增菌肉汤（A.64.1）加入 5mL 新生霉素溶液（A.64.2），混匀。

A.65　麦康凯（MAC）琼脂

A.65.1　成分

蛋白胨	20.0g
乳糖	10.0g
3 号胆盐	1.5g
氯化钠	5.0g
中性红	0.03g
结晶紫	0.001g
琼脂	15.0g
蒸馏水	1000.0mL

A.65.2　制法

将以上成分混合加热溶解，冷却至 25℃左右调节 pH 至 7.2±0.2，分装，121℃高压灭菌 15min。冷却至 45℃~50℃，倾注平板。

注：如不立即使用，在 2℃~8℃条件下可贮存两周。

A.66　木糖赖氨酸脱氧胆盐（XLD）琼脂

A.66.1　成分

酵母膏	3.0g
L- 赖氨酸	5.0g
木糖	3.75g
乳糖	7.5g
蔗糖	7.5g
脱氧胆酸钠	1.0g
氯化钠	5.0g
硫代硫酸钠	6.8g
柠檬酸铁铵	0.8g
酚红	0.08g
琼脂	15.0g
蒸馏水	1000.0mL

A.66.2　制法

除酚红和琼脂外，将其他成分加入 400mL 蒸馏水中，煮沸溶解，调节 pH 至 7.4±0.2。另将琼脂加入 600mL 蒸馏水中，煮沸溶解。将上述两溶液混合均匀后，再加入指示剂，待冷至 50℃～55℃倾注平皿。

注：本培养基不需要高压灭菌，在制备过程中不宜过分加热，避免降低其选择性，贮于室温暗处。本培养基宜于当天制备，第二天使用。使用前必须去除平板表面上的水珠，在 37℃～55℃，琼脂面向下、平板盖亦向下烘干。另外，如配制好的培养基不立即使用，在 2℃～8℃条件下可贮存两周。

A.67　三糖铁（TSI）琼脂

A.67.1　成分

蛋白胨	20.0g
牛肉浸膏	5.0g
乳糖	10.0g
蔗糖	10.0g
葡萄糖	1.0g
硫酸亚铁铵（NH$_4$）$_2$Fe（SO$_4$）$_2$·6H$_2$O	0.2g

氯化钠	5.0g
硫代硫酸钠	0.2g
酚红	0.025g
琼脂	12.0g
蒸馏水	1000.0mL

A.67.2　制法

除酚红和琼脂外，将其他成分加入 400mL 蒸馏水中，搅拌均匀，静置约 10min，加热使完全溶化，冷却至 25℃左右调节 pH 至 7.4 ± 0.2。另将琼脂加于 600mL 蒸馏水中，静置约 10min，加热使完全溶化。将两溶液混合均匀，加入 5% 酚红水溶液 5mL，混匀，分装小号试管，每管约 3mL。于 121℃灭菌 15min，制成高层斜面。冷却后呈橘红色。如不立即使用，在 2℃～8℃条件下可贮存 1 个月。

A.68　营养琼脂斜面

A.68.1　成分

蛋白胨	10.0g
牛肉膏	3.0g
氯化钠	5.0g
琼脂	15.0g
蒸馏水	1000.0mL

A.68.2　制法

将除琼脂以外的各成分溶解于蒸馏水内，加入 15% 氢氧化钠溶液约 2mL，冷却至 25℃左右调节 pH 至 7.0 ± 0.2。加入琼脂，加热煮沸，使琼脂溶化。分装小号试管，每管约 3mL。于 121℃灭菌 15min，制成斜面。

注：如不立即使用，在 2℃～8℃条件下可贮存两周。

A.69　半固体琼脂

A.69.1　成分

蛋白胨	1.0g
牛肉膏	0.3g
氯化钠	0.5g
琼脂	0.3g～0.7g

| 蒸馏水 | 100.0mL |

A.69.2　制法

按以上成分配好，加热溶解，调节 pH 至 7.4 ± 0.2，分装小试管，121℃灭菌 15min，直立凝固备用。

A.70　葡萄糖铵培养基

A.70.1　成分

氯化钠	5.0g
硫酸镁（MgSO$_4$·7H$_2$O）	0.2g
磷酸二氢铵	1.0g
磷酸氢二钾	1.0g
葡萄糖	2.0g
琼脂	20.0g
0.2% 溴麝香草酚蓝水溶液	40.0mL
蒸馏水	1000.0mL

A.70.2　制法

先将盐类和糖溶解于水内，调节 pH 至 6.8 ± 0.2，再加琼脂加热溶解，然后加入指示剂。混合均匀后分装试管，121℃高压灭菌 15min。制成斜面备用。

A.70.3　试验方法

用接种针轻轻触及培养物的表面，在盐水管内做成极稀的悬液，肉眼观察不到浑浊，以每一接种环内含菌数在 20～100 之间为宜。将接种环灭菌后挑取菌液接种，同时再以同法接种一支普通斜面作为对照。于 36℃ ±1℃培养 24h。阳性者葡萄糖铵斜面上有正常大小的菌落生长；阴性者不生长，但在对照培养基上生长良好。如在葡萄糖铵斜面生长极微小的菌落可视为阴性结果。

注：容器使用前应用清洁液浸泡。再用清水、蒸馏水冲洗干净，并用新棉花做成棉塞，干热灭菌后使用。如果操作时不注意，有杂质污染时，易造成假阳性的结果。

A.71　尿素琼脂

A.71.1　成分

| 蛋白胨 | 1.0g |

氯化钠	5.0g
葡萄糖	1.0g
磷酸二氢钾	2.0g
0.4% 酚红溶液	3.0mL
琼脂	20.0g
20% 尿素溶液	100.0mL
蒸馏水	900.0mL

A.71.2　制法

除酚红和尿素外的其他成分加热溶解，冷却至 25℃ 左右调节 pH 至 7.2 ± 0.2，加入酚红指示剂，混匀，于 121℃ 灭菌 15min。冷至约 55℃，加入用 0.22μm 过滤膜除菌后的 20% 尿素水溶液 100mL，混匀，以无菌操作分装灭菌试管，每管 3mL～4mL，制成斜面后放冰箱备用。

A.71.3　试验方法

挑取琼脂培养物接种，在 36℃ ±1℃ 培养 24h，观察结果。尿素酶阳性者由于产碱而使培养基变为红色。

A.72　β- 半乳糖苷酶培养基

A.72.1　液体法（ONPG 法）

A.72.1.1　成分

邻硝基苯 -β-D- 半乳糖苷（ONPG）	60.0mg
0.01mol/L 磷酸钠缓冲液（pH7.5 ± 0.2）	10.0mL
1% 蛋白胨水（pH7.5 ± 0.2）	30.0mL

A.72.1.2　制法

将 ONPG 溶于缓冲液内，加入蛋白胨水，以过滤法除菌，分装于 10mm × 75mm 试管内，每管 0.5mL，用橡皮塞塞紧。

A.72.1.3　试验方法

自琼脂斜面挑取培养物一满环接种，于 36℃ ±1℃ 培养 1h～3h 和 24h 观察结果。如果产生 β-D- 半乳糖苷酶，则于 1h～3h 变黄色，如无此酶则 24h 不变色。

A.72.2　平板法（X-Gal 法）

A.72.2.1　成分

蛋白胨	20.0g

氯化钠	3.0g
5-溴-4-氯-3-吲哚-β-D-半乳糖苷（X-Gal）	200.0mg
琼脂	15.0g
蒸馏水	1000.0mL

A.72.2.2 制法

将 A.72.2.1 中各成分加热煮沸于 1L 水中，冷却至 25℃左右调节 pH 至 7.2±0.2，115℃高压灭菌 10min。倾注平板避光冷藏备用。

A.72.2.3 试验方法

挑取琼脂斜面培养物接种于平板，划线和点种均可，于 36℃±1℃培养 18h～24h 观察结果。如果 β-D 半乳糖苷酶产生，则平板上培养物颜色变蓝色，如无此酶则培养物为无色或不透明色，培养 48h～72h 后有部分转为淡粉红色。

A.73 氨基酸脱羧酶试验培养基

A.73.1 成分

蛋白胨	5.0g
酵母浸膏	3.0g
葡萄糖	1.0g
1.6% 溴甲酚紫-乙醇溶液	1.0mL
L 型或 DL 型赖氨酸和鸟氨酸	0.5g/100mL 或 1.0g/100mL
蒸馏水	1000.0mL

A.73.2 制法

除氨基酸以外的成分加热溶解后，分装每瓶 100mL，分别加入赖氨酸和鸟氨酸。L-氨基酸按 0.5% 加入，DL-氨基酸按 1% 加入，再调节 pH 至 6.8±0.2。对照培养基不加氨基酸。分装于灭菌的小试管内，每管 0.5mL，上面滴加一层石蜡油，115℃高压灭菌 10min。

A.73.3 试验方法

从琼脂斜面上挑取培养物接种，于 36℃±1℃培养 18h～24h，观察结果。氨基酸脱羧酶阳性者由于产碱，培养基应呈紫色。阴性者无碱性产物，但因葡萄糖产酸而使培养基变为黄色。阴性对照管应为黄色，空白对照管为紫色。

A.74 糖发酵管

A.74.1 成分

牛肉膏	5.0g
蛋白胨	10.0g
氯化钠	3.0g
磷酸氢二钠（$Na_2HPO_4 \cdot 12H_2O$）	2.0g
0.2%溴麝香草酚蓝溶液	12.0mL
蒸馏水	1000.0mL

A.74.2 制法

A.74.2.1 葡萄糖发酵管按上述成分配好后，按0.5%加入葡萄糖，25℃左右调节pH至7.4±0.2，分装于有一个倒置小管的小试管内，121℃高压灭菌15min。

A.74.2.2 其他各种糖发酵管可按上述成分配好后，分装每瓶100mL，121℃高压灭菌15min。另将各种糖类分别配好10%溶液，同时高压灭菌。将5mL糖溶液加入100mL培养基内，以无菌操作分装小试管。

注：蔗糖不纯，加热后会自行水解者，应采用过滤法除菌。

A.74.3 试验方法

从琼脂斜面上挑取小量培养物接种，于36℃±1℃培养，一般观察2d～3d。迟缓反应需观察14d～30d。

A.75 西蒙氏柠檬酸盐培养基

A.75.1 成分

氯化钠	5.0g
硫酸镁（$MgSO_4 \cdot 7H_2O$）	0.2g
磷酸二氢铵	1.0g
磷酸氢二钾	1.0g
柠檬酸钠	5.0g
琼脂	20g
0.2%溴麝香草酚蓝溶液	40.0mL
蒸馏水	1000.0mL

A.75.2　制法

先将盐类溶解于水内，调节 pH 至 6.8±0.2，加入琼脂，加热溶化。然后加入指示剂，混合均匀后分装试管，121℃灭菌 15min。制成斜面备用。

A.75.3　试验方法

挑取少量琼脂培养物接种，于 36℃±1℃培养 4d，每天观察结果。阳性者斜面上有菌落生长，培养基从绿色转为蓝色。

A.76　黏液酸盐培养基

A.76.1　测试肉汤

A.76.1.1　成分

酪蛋白胨	10.0g
溴麝香草酚蓝溶液	0.024g
蒸馏水	1000.0mL
黏液酸	10.0g

A.76.1.2　制法

慢慢加入 5mmol/L 氢氧化钠以溶解黏液酸，混匀。其余成分加热溶解，加入上述黏液酸，冷却至 25℃左右调节 pH 至 7.4±0.2，分装试管，每管约 5mL，于 121℃高压灭菌 10min。

A.76.2　质控肉汤

A.76.2.1　成分

酪蛋白胨	10.0g
溴麝香草酚蓝溶液	0.024g
蒸馏水	1000.0mL

A.76.2.2　制法

所有成分加热溶解，冷却至 25℃左右调节 pH 至 7.4±0.2，分装试管，每管约 5mL，于 121℃高压灭菌 10min。

A.76.3　试验方法

将待测新鲜培养物接种测试肉汤（A.76.1）和质控肉汤（A.76.2），于 36℃±1℃培养 48h 观察结果，肉汤颜色蓝色不变则为阴性结果，黄色或稻草黄色为阳性结果。

A.77 蛋白胨水、靛基质试剂

A.77.1 成分

蛋白胨（或胰蛋白胨）	20.0g
氯化钠	5.0g
蒸馏水	1000.0mL
调节 pH 至 7.4	

A.77.2 制法

按上述成分配制，分装小试管，121℃高压灭菌15min。

注：此试剂在2℃～8℃条件下可贮存1个月。

A.77.3 靛基质试剂

A.77.3.1 柯凡克试剂

将5g对二甲氨基苯甲醛溶解于75mL戊醇中，然后缓慢加入浓盐酸25mL。

A.77.3.2 欧－波试剂

将1g对二甲氨基苯甲醛溶解于95mL 95%乙醇内，然后缓慢加入浓盐酸20mL。

A.77.4 试验方法

挑取少量培养物接种，在36℃±1℃培养1d～2d，必要时可培养4d～5d。加入柯凡克试剂约0.5mL，轻摇试管，阳性者于试剂层呈深红色；或加入欧－波试剂约0.5mL，沿管壁流下，覆盖于培养液表面，阳性者于液面接触处呈玫瑰红色。

注：蛋白胨中应含有丰富的色氨酸。每批蛋白胨买来后，应先用已知菌种鉴定后方可使用，此试剂在2℃～8℃条件下可贮存1个月。

A.78 营养肉汤

A.78.1 成分

蛋白胨	10.0g
牛肉膏	3.0g
氯化钠	5.0g
蒸馏水	1000mL

A.78.2 制法

将以上成分混合加热溶解，冷却至25℃左右调节pH至7.4±0.2，分装于适当的容器。121℃灭菌 15min。

A.79 肠道菌增菌肉汤

A.79.1 成分

蛋白胨	10.0g
葡萄糖	5.0g
牛胆盐	20.0g
磷酸氢二钠	8.0g
磷酸二氢钾	2.0g
煌绿	0.015g
蒸馏水	1000mL

A.79.2 制法

将以上成分混合加热溶解，冷却至 25℃左右调节 pH 至 7.2±0.2，分装每瓶 30mL。115℃灭菌 20min。

A.80 麦康凯琼脂（MAC）

A.80.1 成分

蛋白胨	20.0g
乳糖	10.0g
3 号胆盐	1.5g
氯化钠	5.0g
中性红	0.03g
结晶紫	0.001g
琼脂	15.0g
蒸馏水	1000mL

A.80.2 制法

将以上成分混合加热溶解，调节 pH 至 7.2±0.2。121℃高压灭菌 15min。冷却至 45℃～50℃，倾注平板。

注：如不立即使用，在 2℃～8℃条件下可贮存 2 周。

A.81　伊红美蓝（EMB）琼脂

A.81.1　成分

蛋白胨	10.0g
乳糖	10.0g
磷酸氢二钾（K_2HPO_4）	2.0g
琼脂	15.0g
2% 伊红 Y 水溶液	20.0mL
0.5% 美蓝水溶液	13.0mL
蒸馏水	1000mL

A.81.2　制法

在 1000mL 蒸馏水中煮沸溶解蛋白胨、磷酸盐和乳糖，加水补足，冷却至 25℃左右调节 pH 至 7.1±0.2。再加入琼脂，121℃高压灭菌 15min。冷至 45℃～50℃，加入 2% 伊红 Y 水溶液和 0.5% 美蓝水溶液，摇匀，倾注平皿。

A.82　三糖铁琼脂（TSI）

A.82.1　成分

蛋白胨	20.0g
牛肉浸膏	5.0g
乳糖	10.0g
蔗糖	10.0g
葡萄糖	1.0g
硫酸亚铁铵 $[(NH_4)_2Fe(SO_4)_2·6H_2O]$	0.2g
氯化钠	5.0g
硫代硫酸钠	0.2g
酚红	0.025g
琼脂	12.0g
蒸馏水	1000mL

A.82.2　制法

除酚红和琼脂外，将其他成分加于 400mL 水中，搅拌均匀，静置约 10min，加热使完全溶化，冷却至 25℃左右调节 pH 至 7.4±0.2。另将琼脂加于 600mL 水中，静置

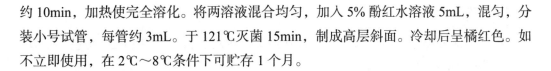

约 10min，加热使完全溶化。将两溶液混合均匀，加入 5% 酚红水溶液 5mL，混匀，分装小号试管，每管约 3mL。于 121℃灭菌 15min，制成高层斜面。冷却后呈橘红色。如不立即使用，在 2℃～8℃条件下可贮存 1 个月。

A.83　蛋白胨水、靛基质试剂

A.83.1　成分

胰蛋白胨	20.0g
氯化钠	5.0g
蒸馏水	1000mL

A.83.2　制法

将以上成分混合加热溶解，冷却至 25℃左右调节 pH 至 7.4 ± 0.2，分装小试管，121℃高压灭菌 15min。

注：此试剂在 2℃～8℃条件下可贮存 1 个月。

A.83.3　靛基质试剂

A.83.3.1　柯凡克试剂
将 5g 对二甲氨基苯甲醛溶解于 75mL 戊醇中，然后缓慢加入浓盐酸 25mL。

A.83.3.2　欧－波试剂
将 1g 对二甲氨基苯甲醛溶解于 95mL 95% 乙醇内，然后缓慢加入浓盐酸 20mL。

A.83.4　试验方法

挑取少量培养物接种，在 36℃ ±1℃培养 1d～2d，必要时可培养 4d～5d。加入柯凡克试剂约 0.5mL，轻摇试管，阳性者于试剂层呈深红色；或加入欧－波试剂约 0.5mL，沿管壁流下，覆盖于培养液表面，阳性者于液面接触处呈玫瑰红色。

A.84　半固体琼脂

A.84.1　成分

蛋白胨	1.0g
牛肉膏	0.3g
氯化钠	0.5g
琼脂	0.3g～0.5g
蒸馏水	100.0mL

A.84.2 制法

按以上成分配好，加热溶解，冷却至 25℃左右调节 pH 至 7.4 ± 0.2，分装小试管。121℃灭菌 15min，直立凝固备用。

A.85 尿素琼脂（pH7.2）

A.85.1 成分

蛋白胨	1.0g
氯化钠	5.0g
葡萄糖	1.0g
磷酸二氢钾	2.0g
0.4% 酚红	3.0mL
琼脂	20.0g
20% 尿素溶液	100.0mL
蒸馏水	1000mL

A.85.2 制法

除酚红、尿素和琼脂外的其他成分加热溶解，冷却至 25℃左右调节 pH 至 7.2 ± 0.2，加入酚红指示剂，混匀，于 121℃灭菌 15min。冷至约 55℃，加入用 0.22μm 过滤膜除菌后的 20% 尿素水溶液 100mL，混匀，以无菌操作分装灭菌试管，每管 3mL～4mL，制成斜面后放冰箱备用。

A.85.3 试验方法

挑取琼脂培养物接种，在 36℃ ± 1℃培养 24h，观察结果。尿素酶阳性者由于产碱而使培养基变为红色。

A.86 氰化钾（KCN）培养基

A.86.1 成分

蛋白胨	10.0g
氯化钠	5.0g
磷酸二氢钾	0.225g
磷酸氢二钠	5.64g
0.5% 氰化钾	20.0mL
蒸馏水	1000mL

A.86.2　制法

将除氰化钾以外的成分加入蒸馏水中，煮沸溶解，分装后 121℃高压灭菌 15min。放在冰箱内使其充分冷却。每 100mL 培养基加入 0.5% 氰化钾溶液 2.0mL（最后浓度为 1：10000），分装于无菌试管内，每管约 4mL，立刻用无菌橡皮塞塞紧，放在 4℃冰箱内，至少可保存 2 个月。同时，将不加氰化钾的培养基作为对照培养基，分装试管备用。

A.86.3　试验方法

将琼脂培养物接种于蛋白胨水内成为稀释菌液，挑取 1 环接种于氰化钾（KCN）培养基。并另挑取 1 环接种于对照培养基。在 36℃±1℃培养 1d～2d，观察结果。如有细菌生长即为阳性（不抑制），经 2d 细菌不生长为阴性（抑制）。

注：氰化钾是剧毒药，使用时应小心，切勿沾染，以免中毒。夏天分装培养基应在冰箱内进行。试验失败的主要原因是封口不严，氰化钾逐渐分解，产生氢氰酸气体逸出，以致药物浓度降低，细菌生长，因而造成假阳性反应。试验时对每一环节都要特别注意。

A.87　氧化酶试剂

A.87.1　成分

N,N'- 二甲基对苯二胺盐酸盐或	
N,N,N',N'- 四甲基对苯二胺盐酸盐	1.0g
蒸馏水	100mL

A.87.2　制法

少量新鲜配制，于 2℃～8℃冰箱内避光保存，在 7d 内使用。

A.87.3　试验方法

用无菌棉拭子取单个菌落，滴加氧化酶试剂，10s 内呈现粉红或紫红色即为氧化酶试验阳性，不变色者为氧化酶试验阴性。

A.88　革兰氏染色液

A.88.1　结晶紫染色液

A.88.1.1　成分

结晶紫	1.0g
95% 乙醇	20.0mL

1% 草酸铵水溶液	80.0mL

A.88.1.2 制法

将结晶紫完全溶解于乙醇中，然后与草酸铵溶液混合。

A.88.2 革兰氏碘液

A.88.2.1 成分

碘	1.0g
碘化钾	2.0g
蒸馏水	300mL

A.88.2.2 制法

将碘与碘化钾先行混合，加入蒸馏水少许充分振摇，待完全溶解后，再加蒸馏水至 300mL。

A.88.3 沙黄复染液

A.88.3.1 成分

沙黄	0.25g
95% 乙醇	10.0mL
蒸馏水	90.0mL

A.88.3.2 制法

将沙黄溶解于乙醇中，然后用蒸馏水稀释。

A.88.4 染色法

A.88.4.1 涂片在火焰上固定，滴加结晶紫染液，染 1min，水洗。

A.88.4.2 滴加革兰氏碘液，作用 1min，水洗。

A.88.4.3 滴加 95% 乙醇脱色 15s～30s，直至染色液被洗掉，不要过分脱色，水洗。

A.88.4.4 滴加复染液，复染 1min，水洗、待干、镜检。

A.89 BHI 肉汤

A.89.1 成分

小牛脑浸液	200g
牛心浸液	250g
蛋白胨	10.0g
NaCl	5.0g
葡萄糖	2.0g

| 磷酸氢二钠（Na_2HPO_4） | 2.5g |
| 蒸馏水 | 1000mL |

A.89.2 制法

按以上成分配好，加热溶解，冷却至 25℃ 左右调节 pH 至 7.4±0.2，分装小试管。121℃灭菌 15min。

A.90 TE（pH8.0）

A.90.1 成分

1mol/L Tris-HCl（pH8.0）	10.0mL
0.5mol/L EDTA（pH8.0）	2.0mL
灭菌去离子水	988mL

A.90.2 制法

将 1mol/L Tris-HCl 缓冲液（pH8.0）、0.5mol/L EDTA 溶液（pH8.0）加入约 800mL 灭菌去离子水均匀，再定容至 1000mL，121℃高压灭菌 15min，4℃保存。

A.91 10×PCR 反应缓冲液

A.91.1 成分

1mol/L Tris-HCl（pH8.5）	840mL
氯化钾（KCl）	37.25g
灭菌去离子水	160mL

A.91.2 制法

将氯化钾溶于 1mol/L Tris-HCl（pH8.5），定容至 1000mL，121℃高压灭菌 15min，分装后 -20℃保存。

A.92 50×TAE 电泳缓冲液

A.92.1 成分

Tris	242.0g
$Na_2EDTA \cdot 2H_2O$	37.2g
冰乙酸（CH_3COOH）	57.1mL
灭菌去离子水	942.9mL

A.92.2　制法

Tris 和 Na$_2$EDTA·2H$_2$O 溶于 800mL 灭菌去离子水，充分搅拌均匀；加入冰乙酸，充分溶解；用 1mol/L NaOH 调节 pH 至 8.3，定容至 1L 后，室温保存。使用时稀释 50 倍即为 1×TAE 电泳缓冲液。

A.93　6× 上样缓冲液

A.93.1　成分

溴酚蓝	0.5g
二甲苯氰	0.5g
0.5mol/L EDTA（pH8.0）	0.06mL
甘油	360mL
灭菌去离子水	640mL

A.93.2　制法

0.5mol/L EDTA（pH8.0）溶于 500mL 灭菌去离子水中，加入溴酚蓝和二甲苯氰溶解，与甘油混合，定容至 1000mL，分装后 4℃保存。

附录 B 最可能数（MPN）检索表

表 B.1 金黄色葡萄球菌最可能数（MPN）检索表

阳性管数			MPN	95% 置信区间		阳性管数			MPN	95% 置信区间	
0.10	0.01	0.001		下限	上限	0.10	0.01	0.001		下限	上限
0	0	0	<3.0	—	9.5	2	2	0	21	4.5	42
0	0	1	3.0	0.15	9.6	2	2	1	28	8.7	94
0	1	0	3.0	0.15	11	2	2	2	35	8.7	94
0	1	1	6.1	1.2	18	2	3	0	29	8.7	94
0	2	0	6.2	1.2	18	2	3	1	36	8.7	94
0	3	0	9.4	3.6	38	3	0	0	23	4.6	94
1	0	0	3.6	0.17	18	3	0	1	38	8.7	110
1	0	1	7.2	1.3	18	3	0	2	64	17	180
1	0	2	11	3.6	38	3	1	0	43	9	180
1	1	0	7.4	1.3	20	3	1	1	75	17	200
1	1	1	11	3.6	38	3	1	2	120	37	420
1	2	0	11	3.6	42	3	1	3	160	40	420
1	2	1	15	4.5	42	3	2	0	93	18	420
1	3	0	16	4.5	42	3	2	1	150	37	420
2	0	0	9.2	1.4	38	3	2	2	210	40	430
2	0	1	14	3.6	42	3	2	3	290	90	1000
2	0	2	20	4.5	42	3	3	0	240	42	1000
2	1	0	15	3.7	42	3	3	1	460	90	2000
2	1	1	20	4.5	42	3	3	2	1100	180	4100
2	1	2	27	8.7	94	3	3	3	>1100	420	—

注 1：本表采用 3 个稀释度［0.1g（mL）、0.01g（mL）和 0.001g（mL）］，每个稀释度接种 3 管。

注 2：表内所列检样量如改用 1g（mL）、0.1g（mL）和 0.01g（mL）时，表内数字应相应降低至原来的 1/10；如改用 0.01g（mL）、0.001g（mL）、0.0001g（mL）时，则表内数字应相应增高 10 倍，其余类推。

表 B.2　副溶血性弧菌最可能数（MPN）检索表

阳性管数			MPN	95% 可信限		阳性管数			MPN	95% 可信限	
0.10	0.01	0.001		下限	上限	0.10	0.01	0.001		下限	上限
0	0	0	<3.0	—	9.5	2	2	0	21	4.5	42
0	0	1	3.0	0.15	9.6	2	2	1	28	8.7	94
0	1	0	3.0	0.15	11	2	2	2	35	8.7	94
0	1	1	6.1	1.2	18	2	3	0	29	8.7	94
0	2	0	6.2	1.2	18	2	3	1	36	8.7	94
0	3	0	9.4	3.6	38	3	0	0	23	4.6	94
1	0	0	3.6	0.17	18	3	0	1	38	8.7	110
1	0	1	7.2	1.3	18	3	0	2	64	17	180
1	0	2	11	3.6	38	3	1	0	43	9	180
1	1	0	7.4	1.3	20	3	1	1	75	17	200
1	1	1	11	3.6	38	3	1	2	120	37	420
1	2	0	11	3.6	42	3	1	3	160	40	420
1	2	1	15	4.5	42	3	2	0	93	18	420
1	3	0	16	4.5	42	3	2	1	150	37	420
2	0	0	9.2	1.4	38	3	2	2	210	40	430
2	0	1	14	3.6	42	3	2	3	290	90	1000
2	0	2	20	4.5	42	3	3	0	240	42	1000
2	1	0	15	3.7	42	3	3	1	460	90	2000
2	1	1	20	4.5	42	3	3	2	1100	180	4100
2	1	2	27	8.7	94	3	3	3	>1100	420	—

注 1：本表采用 3 个稀释度［0.1g（mL）、0.01g（mL）和 0.001g（mL）］，每个稀释度接种 3 管。

注 2：表内所列检样量如改用 1g（mL）、0.1g（mL）和 0.01g（mL）时，表内数字应相应降低至原来的 1/10；如改用 0.01g（mL）、0.001g（mL）、0.0001g（mL）时，则表内数字应相应增加 10 倍，其余类推。

表 B.3 蜡样芽孢杆菌最可能数（MPN）检索表

阳性管数			MPN	95% 置信区间		阳性管数			MPN	95% 置信区间	
0.10	0.01	0.001		下限	上限	0.10	0.01	0.001		下限	上限
0	0	0	<3.0	—	9.5	2	2	0	21	4.5	42
0	0	1	3.0	0.15	9.6	2	2	1	28	8.7	94
0	1	0	3.0	0.15	11	2	2	2	35	8.7	94
0	1	1	6.1	1.2	18	2	3	0	29	8.7	94
0	2	0	6.2	1.2	18	2	3	1	36	8.7	94
0	3	0	9.4	3.6	38	3	0	0	23	4.6	94
1	0	0	3.6	0.17	18	3	0	1	38	8.7	110
1	0	1	7.2	1.3	18	3	0	2	64	17	180
1	0	2	11	3.6	38	3	1	0	43	9	180
1	1	0	7.4	1.3	20	3	1	1	75	17	200
1	1	1	11	3.6	38	3	1	2	120	37	420
1	2	0	11	3.6	42	3	1	3	160	40	420
1	2	1	15	4.5	42	3	2	0	93	18	420
1	3	0	16	4.5	42	3	2	1	150	37	420
2	0	0	9.2	1.4	38	3	2	2	210	40	430
2	0	1	14	3.6	42	3	2	3	290	90	1000
2	0	2	20	4.5	42	3	3	0	240	42	1000
2	1	0	15	3.7	42	3	3	1	460	90	2000
2	1	1	20	4.5	42	3	3	2	1100	180	4100
2	1	2	27	8.7	94	3	3	3	>1100	420	—

注 1：本表采用 3 个稀释度〔0.1g（mL）、0.01g（mL）和 0.001g（mL）〕、每个稀释度接种 3 管。

注 2：表内所列检样量如改用 1g（mL）、0.1g（mL）和 0.01g（mL）时，表内数字应相应降低至原来的 1/10；如改用 0.01g（mL）、0.001g（mL）、0.0001g（mL）时，则表内数字应相应增高 10 倍，其余类推。

参 考 文 献

［1］朱乐敏. 食品微生物学 [M]. 北京：化学工业出版社，2010.

［2］董明盛，贾英民. 食品微生物学 [M]. 北京：中国轻工业出版社，2006.

［3］胡群英. 校园传染病的预防及治疗 [M]. 西安：陕西师范大学出版总社有限公司，
2014.

［4］张嘉杨，李文丽，鲁群岷. 医药学服务学 [M]. 南京：东南大学出版社，2017.

［5］曹际娟. 肠道沙门氏菌分子检测与分子分型 [M]. 北京：中国质检出版社，2013.

［6］杨玉红. 食品微生物学 [M]. 北京：中国质检出版社，2017.

［7］叶磊，谢辉. 微生物检测技术 [M]. 北京：化学工业出版社，2016.

［8］上海市质量检测行业协会，上海质量教育培训中心. 食品检验员（四级）[M]. 北
京：中国劳动社会保障出版社，2015.

［9］黄高明. 食品检验工（中级）[M]. 北京：机械工业出版社，2015.

［10］王廷璞，王静. 食品微生物检验技术 [M]. 北京：化学工业出版社，2014.

［11］段鸿斌. 食品微生物检验技术 [M]. 重庆：重庆大学出版社，2015.

［12］唐非，黄升海. 细菌学检验 [M]. 2 版. 北京：人民卫生出版社，2015.

［13］李自刚. 食品微生物检验技术 [M]. 北京：中国轻工业出版社，2018.

［14］段巧玲，李淑荣. 食品微生物检验技术 [M]. 北京：人民卫生出版社，2020.

［15］《食品安全国家标准　微生物学检验　培养基和试剂的质量要求》（GB 4789.28—
2024）.

［16］《食品安全国家标准　食品微生物学检验　总则》（GB 4789.1—2016）.

［17］《食品安全国家标准　食品微生物学检验　沙门氏菌检验》（GB 4789.4—2024）.

［18］《食品安全国家标准　食品微生物学检验　金黄色葡萄球菌检验》（GB 4789.10—
2016）.

［19］《食品安全国家标准　食品微生物学检验　β 型溶血性链球菌检验》（GB 4789.11—
2014）.

［20］《食品安全国家标准　食品微生物学检验　副溶血性弧菌检验》（GB 4789.7—
2013）.

［21］《食品安全国家标准　食品微生物学检验　蜡样芽孢杆菌检验》（GB 4789.14—

2014）．

[22]《食品安全国家标准　食品微生物学检验　志贺氏菌检验》（GB 4789.5—2012）．

[23]《食品安全国家标准　食品微生物学检验　致泻大肠埃希氏菌检验》（GB 4789.6—2016）．

[24]《洁净厂房设计规范》（GB 50073—2013）．